AF640752

ZEITSCHRIFT FÜR ANGEWANDTE GEOLOGIE

HERAUSGEGEBEN VON

DER STAATLICHEN GEOLOGISCHEN KOMMISSION

UND DER ZENTRALEN VORRATSKOMMISSION

DER DEUTSCHEN DEMOKRATISCHEN REPUBLIK

AUS DEM INHALT

AKADEMIE-VERLAG · BERLIN

BAND 7 / HEFT 5
MAI 1961
SEITE 217–272

	INHALT	СОДЕРЖАНИЕ	CONTENTS	
D. SCHTSCHERBAKOW	Bessere Erkundung des Erdinnern	Лучше знать недра земли	Better Reconnaissance of the Interior of the Earth	217
R. REUTER	Die Lagerungsverhältnisse des Zechsteins im Raum Bernburg–Güsten–Aschersleben	Условия залегания цехштейнских отложений в районе Бернбург–Гюстен–Ашерслебен	Conditions of Stratification of the Zechstein in the Bernburg–Güsten–Aschersleben Area	219
N. A. PERKOW	Untersuchung von Salzprofilen durch geophysikalische Bohrlochmessungen	Изучение разрезов галогенных толщ методами промысловой геофизики	Salt Profile Studies Using Geophysical Hole Measurements	224
G. N. SCHTSCHERBA	Einige Probleme beim Aufsuchen verborgener Lagerstätten seltener Metalle	Некоторые проблемы поисков скрытых редкометальных месторождений	Some Problems of Locating Hidden Rare Metal Deposits	227
G. HEMPEL	Die Messung von Linearen in der Tektonik	Измерение линейных элементов в тектонике	Linear Measurement in Tectonics	228
F. MITURA	Die Erfolge der Erdölindustrie in der Volksrepublik Polen	Достижения нефтяной промышленности в Польской Народной Республике	Successes of the Petroleum Industry in the People's Republic of Poland	235
H. J. ROGGE	Aus der Arbeit der sozialistischen Arbeitsgemeinschaft Standardisierung, Verbesserungs- und Vorschlagswesen beim Geologischen Dienst Schwerin	Из работы социалистического трудового коллектива для стандартизации, улучшений и предложений при Геологической Службе Шверин	Activities of the Socialist Working Group „Standardization, Improvement and Proposition" of the Schwerin Geological Service	240
E. WOHLMANN	Zinn-, Wismut- und Antimonbestimmungen in Erzen und Konzentraten mit dem Anionenaustauscher Wofatit L 150	Определение олова, висмута и сурьмы в рудах и концентратах анионным обменителем Вофатит Л 150	Determination of Tin, Bismuth and Antimony in Ores and Concentrations Using the Wofatit L 150 Anion Exchanger	242
G. MÖBUS	Die Entwicklung der Gneise und Granite in Südschweden	Развитие гнейсов и гранитов в Южноий Швеции	Development of Gneisses and Granites in South Sweden	248
H. E. HAUSMANN	Präquartäre Mikropaläontologie	Дочетвертичная микропалеонтология	Prequaternary Micropaleontology	251
V. ŠMEJKAL & V. SATTRAN	Arbeitsergebnisse des Geochronologischen Laboratoriums des ÚÚG in Prag (K–Ar-Methode)	Некоторые результаты работ Геохронологической лаборатории Центрального Геологического Управления в Праге (метод K–Ar)	Some Results Obtained by the ÚÚG Laboratory for Geologic Chronology in Prague (K–Ar-Method)	253
G. PRATZKA	Hauptversammlung der Gesellschaft deutscher Metallhütten- und Bergleute e. V., vom 9. bis 12. September 1960 in Aachen (Teil I)	Главное собрание Общества немецких металлургов и горняков, состоявшееся от 9 до 12 сентября 1960 г. в г. Ахен (Ч. I)	General Meeting of the Society of German Metallurgists and Miners, Aachen, September 9–12, 1960 (Part I)	255
	Instruktion zur Anwendung der „Klassifikation der Lagerstättenvorräte fester mineralischer Rohstoffe" auf Eisenerzlagerstätten der Deutschen Demokratischen Republik	Инструкция о применении „Классификации запасов месторождений твердых полезных ископаемых" к железорудным месторождениям Германской Демократической Республики	Instruction Concerning the Application of the „Deposit Reserve Classifikation of Solid Mineral Raw Materials" to Iron Ore Deposits of the German Democratic Republic	257

Die **ZEITSCHRIFT FÜR ANGEWANDTE GEOLOGIE** berichtet ständig ausführlich über folgende Arbeitsgebiete: Geologische Grundlagenforschung und Lagerstättenforschung / Methodik der geologischen Erkundung / Ökonomie und Planung der geologischen Erkundung / Technik der geologischen Erkundung / Geologie und Lagerstättenkunde im Ausland / Bibliographie, Verordnungen, Richtlinien, Konferenzen, Personalnachrichten

Dem Redaktionskollegium gehören an:
Prof. Dipl.-Berging. BÜHRIG, Nordhausen — Prof. Dr. HECK, Schwerin — Prof. Dr. HOHL, Freiberg (Sa.) — Prof. Dr. KAUTZSCH, Berlin — Prof. Dr. LANGE, Berlin — Dr. MEINHOLD, Leipzig — Dr. NOSSKE, Leipzig — Prof. Dr. PIETZSCH, Freiberg (Sa.) — Dr. REH, Jena — Dipl.-Berging.-Geologe STAMMBERGER, Berlin — Prof. Dr. WATZNAUER, Karl-Marx-Stadt (Sa.) — Chefredakteur: Prof. Dr. ERICH LANGE, Berlin

Die **ZEITSCHRIFT FÜR ANGEWANDTE GEOLOGIE** ist kein Organ einer engen Fachgruppe. Auf ihren Seiten können alle strittigen Fragen der praktischen Geologie behandelt werden. Die Autoren übernehmen für ihre Aufsätze die übliche Verantwortung.

Herausgeber: Staatliche Geologische Kommission und Zentrale Vorratskommission für mineralische Rohstoffe der Deutschen Demokratischen Republik. Chefredakteur: Prof. Dr. Erich Lange, Berlin. Redaktion: Berlin N 4, Invalidenstraße 44. Verlag: Akademie-Verlag GmbH, Berlin W 8, Leipziger Straße 3–4 (Fernsprecher 220441, Telex 011773, Postscheckkonto: Berlin 35021). Bestellnummer des Heftes 1047/7/5. Die „Zeitschrift für angewandte Geologie" erscheint monatlich. Bezugspreis 2,– DM je Heft. – Satz und Druck: Druckhaus „Maxim Gorki", Altenburg. Veröffentlicht unter der Lizenznummer ZLN 5008 des Ministeriums für Kultur. Karten: MdI der DDR Nr. 6010, 6152, 6291/K 11.

ZEITSCHRIFT FÜR ANGEWANDTE GEOLOGIE

CHEFREDAKTEUR: PROF. DR. E. LANGE

BAND 7 · MAI 1961 · HEFT 5

Bessere Erkundung des Erdinnern[1)]

D. SCHTSCHERBAKOW, Moskau

Die Bodenschätze bilden mit die Grundlage für das Leben des Menschen. Je höher der Mensch kulturell steht, desto besser nutzt er die Reichtümer der Erdkruste und des Erdinnern aus. Die Tiefen der Erde sind für uns eine wahre Vorratskammer unermeßlicher Reichtümer. In dieser Vorratskammer herrscht eine ganz bestimmte Ordnung, die uns noch nicht bis in alle Einzelheiten bekannt ist. Aufgabe der Wissenschaftler ist es, diese Gesetzmäßigkeiten festzustellen.

Die Verfahren der geologischen Erkundung werden immer vollkommener. Das, was unter der Tagesoberfläche liegt, kann heute mit Hilfe empfindlicher geophysikalischer Geräte sogar vom Flugzeug aus untersucht werden. Aber auch das genügt den Geologen schon nicht mehr. Sie wollen die Gesetzmäßigkeiten der Lagerung der nutzbaren Bodenschätze in der Erdkruste noch genauer feststellen. Dadurch wird es möglich, richtig vorauszusehen, wo wertvolle mineralische Rohstoffe liegen. Sagte doch z. B. das Akademiemitglied GUBKIN große Erdöllagerstätten für das Gebiet zwischen Wolga und Ural voraus. Und wie glänzend hat sich seine Annahme bestätigt!

Die Kenntnis der Gesetzmäßigkeiten der räumlichen Verbreitung von Erdöl- und Erdgaslagerstätten, von Lagerstätten der Kohle, der Eisen- und Buntmetalle, der seltenen und Spurenelemente, der chemischen Rohstoffe und der verschiedenen nichtmetallischen nutzbaren Bodenschätze erlaubt es, ihre Prospektion erfolgreich zu begründen, indem man die für die Sucharbeiten höffigsten Felder aussondert. Noch zur Zeit von A. E. FERSMAN konnte die geologische Wissenschaft nicht an die Lösung einer so großen Aufgabe herangehen. Jetzt ist das möglich und notwendig geworden.

Es ist zweckmäßig, die Untersuchungen schwerpunktmäßig entsprechend bestimmter Gruppen oder Arten mineralischer Rohstoffe durchzuführen: nutzbare Bodenschätze sedimentärer Herkunft, nutzbare Bodenschätze magmatogener Herkunft, Erdöl und brennbare Gase, Kohle und Ölschiefer, seltene und Spurenelemente, unterirdische Wässer. Die praktischen Ergebnisse dieser Arbeit bilden Prognosekarten sowie spezielle Empfehlungen für Sucharbeiten.

Dieses wissenschaftliche Forschen und Untersuchen durch Kollektive der sozialistischen Gemeinschaft, die viele Tausende von Menschen umfassen, das erstmalig in unserem Lande möglich wurde, muß den praktisch arbeitenden Geologen sichere Hinweise geben, um neue Lagerstätten mineralischer Rohstoffe zu finden, insbesondere verborgene bzw. überdeckte Lagerstätten. Die Lösung solcher Aufgaben ist nur in einem sozialistischen Lande möglich, d. h. bei der Entwicklung aller Zweige der Wirtschaft und Kultur, die nach einem umfassenden Plan gelenkt werden.

In der UdSSR hat man in der Zusammenstellung der Prognosekarten schon gewisse Erfahrung. Die Initiatoren waren die Geologen der Kasachischen SSR. Unter Leitung des Akademiemitglieds K. I. SATPAJEW stellten sie Prognosekarten für Zentralkasachstan auf, in denen die umfangreichen Ergebnisse der geologischen, geophysikalischen und geochemischen Untersuchungen dieser Gebiete verallgemeinert sind. Auf Grund dieser Karten konnten bereits mehrere abbauwürdige Buntmetallagerstätten erschlossen werden.

Wir sind fest davon überzeugt, daß die Wissenschaft die Gesetzmäßigkeiten der Lagerung der wichtigsten Bodenschätze in der gesamten Erdkruste festzustellen vermag. Die Wissenschaftler der UdSSR tragen und trugen mit ihrer Arbeit dazu bei, der Lösung dieser für die Wissenschaftler aller Länder gemeinsamen Aufgaben, also einem der edlen Ziele der internationalen wissenschaftlichen Zusammenarbeit, näherzukommen.

Wir leben in einer Zeit, in der sich die Grenzen der Kenntnisse von unserem Planeten ungeheuer erweitern. Wir haben beim Studium der Erscheinungen in der Atmosphäre und im Kosmos große Erfolge errungen, aber wir können und müssen ebenso energisch immer gründlicher auch das untersuchen, was in der Erdkruste verborgen liegt. In großer Tiefe werden wir viel Neues zur Erkenntnis der Erde und ihrer Bodenschätze finden.

Gegenwärtig ist in der theoretischen und angewandten Geologie sowie in der Geophysik die Frage nach der Ent-

[1)] Aus: Prawda, Nr. 283 vom 9. 10. 1960, S. 3 (etwas gekürzt). Übers.: RIPPEL

stehung und den Bedingungen für das Auftreten der sogenannten magmatischen Prozesse besonders wichtig. Die Bildung und Verlagerung des Magmas mit nachfolgender Erstarrung und Umwandlung in Gesteine sind grundlegende Vorgänge, die die Bildung und weitere Entwicklung der Erdkruste bestimmen. Die Prozesse des Magmatismus verbinden die Erdkruste mit den Tiefen unseres Planeten. Allgemein bekannt ist die Bedeutung des Magmatismus für die Bildung der wichtigsten Gruppen der nutzbaren Bodenschätze, insbesondere für die Erzlagerstätten. Jedoch sind die Ursachen und die Gesetzmäßigkeiten der Entwicklung des Magmatismus noch unzureichend untersucht, und im Grunde genommen ist die Wissenschaft auf diesem Gebiet noch nicht über das Stadium der Sammlung von Tatsachen hinausgekommen.

Die gegenwärtig bei komplexen Untersuchungen angewandten methodischen Verfahren ermöglichen einen bedeutenden Fortschritt in der Lösung dieses Problems. Mit Hilfe der seismischen Tiefensondierung konnten z. B. bestimmte Unterschiede im Tiefenbau einzelner Teile der Erdkruste festgestellt werden. Unabhängig davon, ob hier Gesetzmäßigkeiten im erdgeschichtlich bedingten Wechsel der Bedingungen bestehen oder nicht, weisen diese Unterschiede in der Struktur der Kruste bereits auf den Charakter und die Richtung der Tiefenprozesse hin. Ihr Studium läßt auch mögliche tiefgelegene Lagerstätten nutzbarer Bodenschätze voraussagen, da die Akkumulation verschiedener Erze oft mit dem Eindringen von magmatischen Massen in die einzelnen Teile der Erdkruste verbunden ist.

In Verbindung mit diesem neuen Problem, d. h. mit dem Bau der tiefen Zonen der Erdkruste, ihren Wärmeverhältnissen, dem Magmatismus und der Vererzung, wird es notwendig, in mehreren Gebieten der UdSSR Übertiefbohrungen durchzuführen. Diese sogenannten Basisbohrungen, die die geologische Struktur klären sollen, geben nicht nur Antwort auf wissenschaftliche Fragen, sondern helfen gleichzeitig mit bei der Lösung der Frage der praktischen Verwendung der Erdwärme als einer möglichen neuen Energiequelle.

In Verbindung damit wird die Durchführung von Basisbohrungen zu einem erheblichen Fortschritt der Bohrtechnik selbst führen und es ermöglichen, billiger und tiefer zu bohren. Die Praxis hat ebenfalls gezeigt, daß die weitere Erhöhung der Vorräte an Erdöl und Erdgas in hohem Maße von solchen Basisbohrungen abhängt.

Viel ist auch noch auf dem Gebiete der richtigen Organisation der geologischen Arbeiten selbst zu tun, die bisher nicht zielstrebig genug durchgeführt wurden. In die Kartenserien, die unsere Forscher vorbereiten, müssen unbedingt metallogenetische Karten oder Prognosekarten für die Verbreitung nutzbarer Bodenschätze aufgenommen werden. In Verbindung damit muß das Tempo der Zusammenstellung von geologischen Karten größerer Maßstäbe für die höffigsten Gebiete der Sowjetunion sehr beschleunigt werden. Besonders günstig für Sucharbeiten sind die ausgedehnten Territorien in West-, Zentral- und Ostsibirien, die bisher nur stellenweise geologisch aufgenommen und untersucht wurden. Schon jetzt kann man auf Grund des Reichtums an Bodenschätzen in diesen Gebieten neue metallurgische Zentren, neue chemische Werke sowie neue Aufbereitungsfabriken und Bergwerke schaffen. Es besteht kein Zweifel, daß die Verstärkung der geologischen Erkundungs- und wissenschaftlichen Forschungsarbeiten östlich des Urals zu neuen bemerkenswerten Funden führen wird, die nicht nur zur Erfüllung der Aufgaben des Siebenjahrplans beitragen werden, sondern eine noch großartigere Entwicklung der Volkswirtschaft der Sowjetunion sowie vollständigere und billigere Mittel der Gewinnung der Reichtümer des Erdinnern zum Nutzen der künftigen kommunistischen Gesellschaft gewährleisten.

Komplizierte geologische Aufgaben sind auch in solchen alten Bergwerksgebieten wie im Ural zu lösen. Die im Mittelural entwickelte Buntmetallindustrie und das Eisenhüttenwesen erfordern eine ständige Erneuerung der Vorräte an Kupfer, Eisen und Kohle sowie an anderen nutzbaren Bodenschätzen. Die geologisch-geophysikalischen Arbeiten der letzten Zeit haben zur Entdeckung äußerst reicher Eisen-, Kohlen- und Kupferlagerstätten in der Turgai-Ebene und im Südural geführt. Jedoch erhöht der Transport dieser Rohstoffe nach dem Mittelural die Kosten pro Einheit Metall.

Die bekannten Vorräte der nicht tief lagernden und folglich verhältnismäßig leicht abzubauenden Kupfer- und Eisenlagerstätten sind im Mittelural sowie in anderen Gebieten bereits weitgehend abgebaut. Das „leichte" Erschließen von zutage ausstreichenden Lagerstätten gehört der Vergangenheit an. Direkte geophysikalische Sucharbeiten auf Kupferkieserze ermöglichen es jedoch nur, diese bis zu einer Tiefe von 50 m zu erschließen. Nur in einigen günstigen Fällen können ausgedehnte Kupferkieslager in größerer Tiefe nachgewiesen werden. Analoge Schwierigkeiten treten auch bei direkten geophysikalischen Sucharbeiten auf tiefer gelegene Magnetitlagerstätten auf.

Es müssen daher neue Methoden für indirekte Sucharbeiten auf nutzbare Bodenschätze in sehr großen Tiefen ausgearbeitet werden. Erfolgreich verliefen z. B. die indirekten Sucharbeiten der Erdölgeologen. Durch die Kombination der gewöhnlichen geologischen Aufnahme mit den Methoden der modernen Geophysik und dem „Struktur"bohren gelang es ihnen, tief gelegene domartige Strukturen zu finden. Diese Dome weisen oft auf Erdöl hin. Die auf solche Dome niedergebrachten Erkundungsbohrungen lassen mit großer Wahrscheinlichkeit die Perspektiven ihrer Erdöl- und Erdgasführung beurteilen.

Auch für die Grubengeologen begann die Zeit, kühn zu experimentieren und Methoden für die indirekten Sucharbeiten auf erzführende Strukturen auszuarbeiten, die denen der Sucharbeiten auf Erdöl ähneln.

Besonders notwendig ist die Untersuchung des tieferen geologischen Baues des Urals.

Das Ministerium für Geologie und Lagerstättenschutz der UdSSR begann im Jahre 1960 mit der Organisation von seismischen Tiefensondierungen im Kaukasus und in den das Gebirge umgebenden Vorgebirgssenken. Mit entsprechenden Untersuchungen müßte auch in einem so alten Bergwerksgebiet wie dem Ural begonnen werden. Nur durch planmäßiges Studium der Geologie des Urals können bisher noch nicht bekannte geologische Gesetzmäßigkeiten im Auftreten von neuen tieferliegenden Erzlagerstätten entdeckt werden.

Die Lagerungsverhältnisse des Zechsteins im Raum Bernburg–Güsten–Aschersleben

RENATE REUTER, Halle

Von der Staatlichen Geologischen Kommission wurden in den Jahren 1955—1958 Bohrungen zur Erkundung von Kalisalzen im südöstlichen Teil des Subherzynen Beckens im Bereich des Staßfurter und Bernburger Sattels niedergebracht[1]). Einige der bei diesen Arbeiten erzielten geologischen Ergebnisse gestatten Aussagen über die Lagerungsverhältnisse des Zechsteins in diesem Raum. Im folgenden sollen diese Ergebnisse kurz dargelegt werden. Zum besseren Verständnis sind zunächst einige Bemerkungen über die allgemeine geologische Situation und über die vorliegende Literatur erforderlich.

Die tektonischen Verhältnisse im südöstlichen Teil des Subherzynen Beckens waren Gegenstand zahlreicher geologischer Arbeiten. Besonders die WEIGELTsche Schule hat in den 30er Jahren wichtige Beiträge zur Zechsteingeologie dieses Raumes geliefert. Während der Staßfurter und der Aschersleben er Sattel als die großen Strukturelemente im östlichen Teil des Subherzynen Beckens relativ früh erkannt worden sind, gibt es seit Anfang dieses Jahrhunderts bis in die heutige Zeit die widersprechendsten Ansichten über den Verlauf und die Bedeutung der Querelemente im Raum Bernburg—Güsten—Aschersleben.

1913 erwähnte RÜHLE erstmals den Bernburger Sattel mit einem westöstlichen Streichen und betrachtete ihn als Fortsetzung des Staßfurter Sattels. Diese Auffassung RÜHLEs wurde 1920 von STAHL übernommen, der den Staßfurter und den Bernburger Sattel als durchgehendes Strukturelement auf der Karte der nutzbaren Lagerstätten Deutschlands, Blatt Dessau, darstellte. Nach STAHL erfährt der Staßfurter Sattel bei Rathmannsdorf eine lokale Erweiterung seiner Ablaugungszone nach Südwesten, die von ihm auf Grund der Grubenaufschlüsse im Schacht VI bei Güsten angenommen wird. Nach seiner Darstellung setzt sich der Staßfurter Sattel dann mit durchgehender Ablaugungszone bis zum Bernburger Sattel bei Gröna fort, wo er in dessen west—östliches Streichen umbiegt. Es wird jedoch auch nach Süden eine Ablaugungszone in Richtung auf den Beesenlaublinger Gipsstock auf der STAHLschen Karte angedeutet.

In einem unveröffentlichten Gutachten von E. SCHRÖDER (1926) ist auf einer Isohypsenkarte der Basis des Kalisalzlagers zu erkennen, daß die Achse des Staßfurter Sattels zwischen Rathmannsdorf und Gröna „steil zu einer Quermulde" eintaucht. Jedoch nimmt auch SCHRÖDER an, daß bei Güsten nur das scheinbare Ende des Staßfurter Sattels erreicht sei und daß sich dieser bis zum Gipsstock von Beesenlaublingen fortsetzt. Auf der SCHRÖDERschen Karte werden ebenfalls die Ablaugungszonen dargestellt. Die des Bernburger Sattels reicht hier westlich der Saale mit NW—SE-Streichen bis zum Walkhügel. Der südliche, schon von STAHL angedeutete Ausläufer verläuft bis nach Beesenlaublingen und schließt die südlich des Bernburger Sattels gelegene Peißener Mulde nach Westen hin ab.

Auch KIRSTEN (1928) ging in seiner Arbeit mit auf die Lagerungsverhältnisse des Zechsteins in diesem Raum ein. Der Staßfurter und der Aschersleben er Sattel sind nach seiner Ansicht an den Kanten der von ihm angenommenen Aschersleben—Staßfurter Schrägscholle hochgequollen. Der Staßfurter Sattel verläuft nach ihm durchgehend von Staßfurt über den Walkhügel bis zum Beesenlaublinger Gipsstock. KIRSTEN erkannte bei seinen tektonischen Untersuchungen, daß zwei rechtwinklig zueinander stehende tektonische Richtungen auftreten, eine erzgebirgische und eine herzynische. Er nahm an, daß an den Kreuzungspunkten dieser tektonischen Linien „Salzpfropfen" hochgequollen sind. Für solche Salzpfropfen hielt er den Walkhügel und den Beesenlaublinger Gipsstock. Im Walkhügel soll sich der herzynisch streichende Staßfurter Sattel mit dem erzgebirgisch streichenden Schierstedter Quersattel kreuzen. Gestützt wurde die Theorie des Salzpfropfens dadurch, daß am Walkhügel ein umlaufendes Streichen der dort aufgeschlossenen Rogensteine zu beobachten (KEILHACK 1913) und im Beesenlaublinger Gipsstock ein offener Zechsteinkern vorhanden ist.

Der Schierstedter Sattel ist eines, und zwar das bedeutendste, der von KIRSTEN am Aschersleben er Sattel festgestellten Querelemente, das durch die Grubenbaue der Schierstädter Schächte nachgewiesen ist. KIRSTEN fand weiterhin den von J. LÖFFLER als „Nordsattel" bezeichneten Vorsprung am Ostrande der Stadt Aschersleben und Aufsattelungen bei Drohndorf und Mehringen mit offenen Zechsteinkernen.

Die Anlage der Querelemente im Subherzynen Becken führte WEIGELT (1929) auf einen erzgebirgisch streichenden Faltenwurf zurück, der nach ihm in der kimmerischen Phase erfolgte. Die Sättel und Mulden wurden während der Bildung der großen Zechsteinsättel überprägt, so daß es nach R. HERRMANN (1934a) zu einer „Faltendurchkreuzung" kam. Dieser nahm am Aschersleben er Sattel südöstlich des Schierstedter Sattels folgende erzgebirgisch streichende Sättel und Mulden an: Quenstedt—Mehringer Sattel, Arnstedter Mulde, Freckleb ener Sattel, Sandreslebener Mulde und Wiederstedt—Rodaer Sattel. Er sah, wie auch bereits KIRSTEN, im Schierstedter Sattel eine Querverbindung vom Aschersleben er zum Staßfurter Sattel. Er betrachtete ihn als Fortsetzung des Quenstedt—Mehringer Sattels (diese Feststellung wurde von I. LÖFFLER [1956] widerlegt) und vermutete, daß er längs des Wippertales bis Güsten verlaufe. Im Süden wird der Schierstedter Sattel nach HERRMANN (1934b) von der Osmarslebener Mulde begleitet, in der das Zechsteinprofil mit Ausnahme der Aller-Serie noch vollständig erhalten ist. Diese Mulde „streicht quer zwischen den gegeneinander gerichteten Stirnenden des Staßfurter und des Walkhügelsattels hindurch, wie durch eine Bohrung bei Osmarsleben, 2 km nordwestlich des Walkhügels, auf der Verbindungslinie zwischen beiden Sattelenden erwiesen ist. Aus diesem Befund folgt, daß die Osmarslebener Mulde älter sein muß als die beiden Sättel, deren Zusammenhang sie verhindert. Sie kann nicht jünger als diese Sättel sein, weil sie noch die jüngere Salzfolge enthält, die in den Sätteln am frühesten der Ablaugung anheimfällt."

[1]) Bearbeiter: G. PRIMKE, R. REUTER, B. STEINBRECHER

Der von R. HERRMANN erwähnte Walkhügelsattel wird von ihm auf Grund der Lagerungsverhältnisse der Hauptrogensteinbank angenommen. Er bildet einen spornartigen, nach Norden gerichteten Vorsprung des westlich des Bernburger Sattels gelegenen „Breitsattels von Gröna", „einer großen flachen Aufwölbung von ungefähr dreieckigem Umriß". Dieser Breitsattel von Gröna wurde von SCHRÖDER bereits als „Bernburger Plateau" beschrieben.

Als ein weiteres erzgebirgisches Querelement wurde von R. HERRMANN (1934b) der Beesenlaublingen—Lebendorfer Gipsstock ausgeschieden. Er stellte fest, daß es sich um eine ähnlich große Zechsteinaufwölbung wie den Staßfurter Sattel handelt, die infolge ihrer hohen Lage bis auf den Sockel abgelaugt ist. Die Auslaugungsrückstände, vor allem die des Hauptanhydrits, sind als mächtiger Gipshut erhalten geblieben. Der Gipsstock ist bei Beesenlaublingen in einem Steinbruch aufgeschlossen und durch die Bohrungen „an der Kuhfurt" und „Lebendorf" weiter nordöstlich nachgewiesen. Außerdem ist sein erzgebirgisches Streichen durch einen Ausläufer des Tertiärbeckens von Lebendorf gekennzeichnet, der dem Gipsstock parallel verläuft. Nördlich vom Beesenlaublingen—Lebendorfer Gipsstock beschreibt HERRMANN die ebenfalls „erzgebirgisch" streichende Peißener Mulde, in der das Kaliflöz Staßfurt noch erhalten ist.

STORCK (1938) schließt sich in seiner Darstellung des Staßfurter Sattels eng an die Deutung von STAHL (1920) an. Er stellt jedoch bei Rathmannsdorf keine lokale Erweiterung, sondern eine Abschwenkung der gesamten Sattelzone nach Südwesten dar. Er begründet dies mit der Lage zweier kleiner Braunkohlenvorkommen bei Güsten, da diese immer in den Randzonen der Zechsteinsättel zu finden sind. Von Güsten verläuft der Staßfurter Sattel nach STORCK mit durchgehender Ablaugungszone südlich der kalisalzfündigen Bohrung Osmarsleben mit herzynischem Streichen, bis er in den Bernburger Sattel einmündet. Die Abbiegung bzw. Durchbiegung bei Rathmannsdorf versucht STORCK mit dem Verlauf einer großen NE—SW streichenden Störung von Glöthe—Hohenerxleben zu erklären.

Alle späteren Bearbeiter sind der STORCKschen Auffassung bezüglich der Verbindung des Staßfurter mit dem Bernburger Sattel gefolgt. Nach seiner Darstellung wurden auch die ersten Erkundungsbohrungen angesetzt. Sie sollten die Lage der Ablaugungsgrenze des Kaliflözes Staßfurt zum Bernburger Sattel hin feststellen. Die Ergebnisse dieser Bohrungen zeigen jedoch, daß die bisherigen Vorstellungen von den Lagerungsverhältnissen des Zechsteins in diesem Raum einer Revision bedürfen.

Die Bohrung Gröna 1 wurde direkt an der von STORCK angegebenen Ablaugungsgrenze zum Bernburger Sattel nordöstlich Gröna angesetzt. Ihr Profil ist nachfolgend zusammengefaßt:

Bohrung Gröna 1 (+ 70,4 m NN)

bis 220,0 m	220,0 m	Unterer Buntsandstein
„ 259,0 m	39,0 m	Einsturzgebirge
„ 316,5 m	57,5 m	Hauptanhydrit
„ 328,5 m	12,0 m	Grauer Salzton
„ 353,0 m	24,5 m	Kaliflöz Staßfurt
„ 471,0 m	118,0 m	Staßfurt-Steinsalz

In der Bohrung Gröna 1 wurde das Kalisalzlager angetroffen, die Ablaugungsgrenze mußte also weiter südlich angenommen werden. Der Nachweis, daß das Kaliflöz im westlichen Teil des Bernburger Sattels abgelaugt ist, war durch die Altbohrung „Gröna auf dem linken Saaleufer" erbracht worden, die südöstlich der Bohrung Gröna 1 liegt. Sie durchteufte folgendes Profil:

Bohrung Gröna auf dem linken Saaleufer (+ 62 m NN)

bis 11,5 m	11,5 m	Holozän
„ 153,0 m	141,5 m	Unterer Buntsandstein
„ 195,0 m	42,0 m	Einsturzgebirge
„ 234,2 m	39,2 m	Hauptanhydrit
„ 280,0 m	45,8 m	Staßfurt-Steinsalz

Um auch die Ablaugungsgrenze des Leine-Steinsalzes festzulegen, wurde die nächste Bohrung, Gröna 2, 250 m nordöstlich der Bohrung Gröna 1 angesetzt. Ihr zusammengefaßtes Schichtenverzeichnis lautet:

Bohrung Gröna 2 (+ 76,6 m NN)

bis 192,0 m	192,0 m	Unterer Buntsandstein
„ 249 0 m	57,0 m	Einsturzgebirge
„ 270,0 m	21,7 m	Leine-Steinsalz
„ 338,4 m	67,7 m	Hauptanhydrit
„ 350,4 m	12,0 m	Grauer Salzton
„ 374,5 m	24,1 m	Kaliflöz Staßfurt
„ 785,8 m	411,3 m	Staßfurt-Steinsalz
„ 788,4 m	2,6 m	Basalanhydrit
„ 795,0 m	6,6 m	Stinkschiefer
„ 801,5 m	6,5 m	Oberer Werraanhydrit

Das nächste Bohrungspaar, Gröna 3 und 4, wurde 1500 m weiter westnordwestlich bei Aderstedt niedergebracht und durchteufte ähnliche Profile.

Bohrung Gröna 3 (+ 66,7 m NN)

bis 222,0 m	222,0 m	Unterer Buntsandstein
„ 224,0 m	2,0 m	Einsturzgebirge
„ 277,2 m	53,2 m	Hauptanhydrit
„ 297,1 m	19,9 m	Grauer Salzton
„ 312,4 m	15,3 m	Kaliflöz Staßfurt
„ 374,8 m	62,4 m	Staßfurt-Steinsalz

Bohrung Gröna 4 (+ 88,6 m NN)

bis 211,0 m	211,0 m	Unterer Buntsandstein
„ 280,8 m	69,8 m	Einsturzgebirge
„ 303,3 m	22,5 m	Leine-Steinsalz
„ 366,7 m	63,4 m	Hauptanhydrit
„ 374,6 m	7,9 m	Grauer Salzton
„ 396,5 m	21,9 m	Kaliflöz Staßfurt
„ 858,3 m	461,8 m	Staßfurt-Steinsalz
„ 860,4 m	2,1 m	Basalanhydrit
„ 866,2 m	5,8 m	Stinkschiefer
„ 887,2 m	21,0 m	Oberer Werraanhydrit
„ 891,2 m	4,0 m	Werra-Steinsalz
, 923,8 m	32,6 m	Unterer Werraanhydrit
„ 932,7 m	8,9 m	Zechsteinkalk
„ 933,0 m	0,3 m	Kupferschiefer
„ 934,5 m	1,5 m	Grauliegendes

Auch bei diesen beiden Bohrungen zeigte es sich, daß die Ablaugungsgrenze weiter südlich verläuft, als angenommen worden war. Jedoch lassen sich diese Bohrungen ebenfalls noch mit der Bohrung „Gröna auf dem linken Saaleufer" in Beziehung setzen, so daß die STORCKsche Theorie immer noch aufrechtzuerhalten war. Zur Verfolgung der Ablaugungslinie weiter nach Nordwesten wurde nun in 1200 m Entfernung ein weiteres

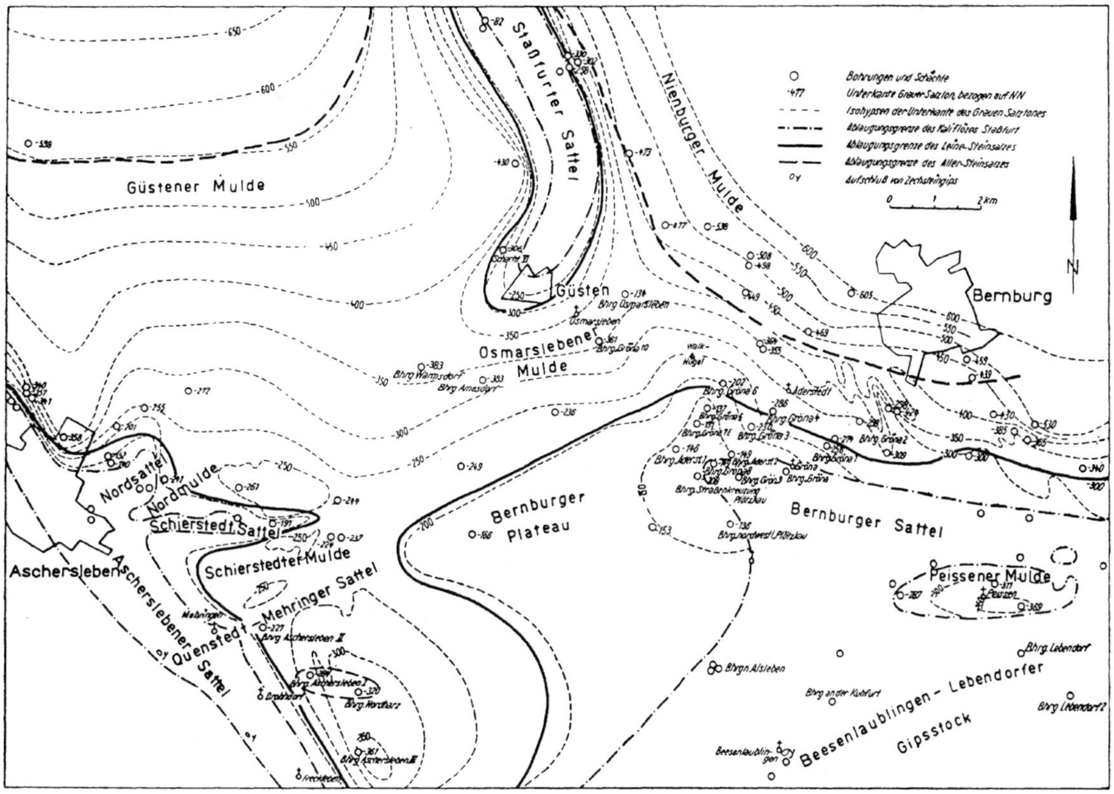

Isohypsenkarte der Unterkante des Grauen Salztons im Raum Bernburg—Güsten—Aschersleben

Bohrungspaar niedergebracht, Bohrung Gröna 5 und 6. Sie brachten folgende Ergebnisse:

Bohrung Gröna 5 (+ 111,4 m NN)

bis 165,0 m	165,0 m	Unterer Buntsandstein
„ 172,6 m	7,6 m	Einsturzgebirge
„ 230,9 m	58,3 m	Hauptanhydrit
„ 246,2 m	15,3 m	Grauer Salzton
„ 259,5 m	13,3 m	Kaliflöz Staßfurt
„ 350,0 m	100,5 m	Staßfurt-Steinsalz

Bohrung Gröna 6 (+ 91,2 m NN)

bis 1,0 m	1,0 m	Pleistozän
„ 209,0 m	208,0 m	Unterer Buntsandstein
„ 231,0 m	22,0 m	Einsturzgebirge
„ 259,3 m	28,3 m	Leine-Steinsalz
„ 287,0 m	27,7 m	Hauptanhydrit
„ 292,8 m	5,8 m	Grauer Salzton
„ 308,0 m	15,2 m	Kaliflöz Staßfurt
„ 322,5 m	14,5 m	Staßfurt-Steinsalz, eingefaltet
„ 335,9 m	13,4 m	Kaliflöz Staßfurt
„ 877,1 m	541,2 m	Staßfurt-Steinsalz
„ 879,4 m	2,3 m	Basalanhydrit
„ 885,2 m	5,8 m	Stinkschiefer
„ 943,7 m	58,5 m	Werraanhydrit
„ 951,3 m	7,6 m	Zechsteinkalk
„ 951,6 m	0,3 m	Kupferschiefer
„ 953,5 m	1,9 m	Grauliegendes

In den beiden Bohrungen Gröna 5 und 6 wurde das Kaliflöz wesentlich höher erbohrt (die Unterkante des Grauen Salztons lag bei Bohrung Gröna 5 bei —135m NN gegenüber —230 m NN bei Bohrung Gröna 3), was auf eine große Nähe der Ablaugungszone schließen ließ. Es wurde daher im gleichen Profil eine weitere Bohrung südwestlich Bohrung Gröna 5 niedergebracht, die Bohrung Gröna 7 E. Sie durchteufte folgende Schichtenfolge:

Bohrung Gröna 7 E (+ 107,7 m NN)

bis 156,0 m	156,0 m	Unterer Buntsandstein
„ 161,1 m	5,1 m	Einsturzgebirge
„ 222,1 m	61,0 m	Hauptanhydrit
„ 239,6 m	17,5 m	Grauer Salzton
„ 273,7 m	34,1 m	Kaliflöz Staßfurt
„ 350,0 m	76,3 m	Staßfurt-Steinsalz

Das Kaliflöz Staßfurt wurde in fast gleicher Höhenlage wie in Bohrung Gröna 5 angetroffen. Die Unterkante des Grauen Salztons wurde bei —131 m NN erbohrt. Da auch die früheren Bohrungen „am Straßenkreuz bei Plötzkau" (—108 m NN) und „nördlich Plötzkau" (—136 m NN) ähnliche Höhenlagen des Kaliflözes angetroffen hatten, war nicht mit Ablaugung in diesem Gebiet zu rechnen. Durch die Bohrungen Gröna 8 und 9 wurde versucht, die durch die Bohrung „Gröna auf dem linken Saaleufer" bekannte Ablaugungszone weiter nach Westen abzugrenzen. Es wurde in diesen Bohrungen unter dem Hauptanhydrit und dem Grauen Salzton gleich das Staßfurt-Steinsalz angetroffen, so daß das Ablaugungsgebiet noch etwa 1500 m westlich der Bohrung „Gröna auf dem linken Saaleufer" nachgewiesen werden konnte.

Da festgestellt worden war, daß der Bernburger Sattel nach Westen zu nicht weiter abgelaugt ist und somit starke Zweifel an der Richtigkeit der STORCKschen Theorie auftraten, wurde zur endgültigen Klärung der Verhältnisse noch eine weitere Bohrung bei Osmarsleben auf der von STORCK angenommenen Verbindungslinie des Staßfurter und des Bernburger Sattels angesetzt, die Bohrung Gröna 10. Sie schloß folgende Schichtenfolge auf:

Bohrung Gröna 10 (+ 85,5 m NN)

bis 11,0 m	11,0 m	Pleistozän
„ 299,8 m	288,8 m	Unterer Buntsandstein
„ 306,8 m	17,0 m	Einsturzgebirge
„ 307,9 m	1,1 m	Pegmatitanhydrit
„ 312,6 m	4,7 m	Roter Salzton
„ 445,8 m	133,2 m	Leine-Steinsalz
„ 461,1 m	19,3 m	Hauptanhydrit
„ 466,7 m	1,6 m	Grauer Salzton
„ 473,8 m	7,1 m	Kaliflöz Staßfurt
„ 477,6 m	3,8 m	Grauer Salzton
„ 560,0 m	82,4 m	Staßfurt-Steinsalz

Es wurde also ein ähnliches Profil erbohrt wie in Bohrung Osmarsleben, die von R. HERRMANN (1934b) als Beweis für die Osmarslebener Mulde herangezogen wurde und die STORCK (1938) als nördlich seines Ablaugungsgebiets gelegen betrachtet hatte. Ihr zusammengefaßtes Schichtenverzeichnis sei hier zum Vergleich mit aufgeführt.

Bohrung Osmarsleben (+ 77,8 m NN)

bis 1,7 m	1,7 m	Pleistozän
„ 278,0 m	276,3 m	Unterer Buntsandstein
„ 311,6 m	33,6 m	Einsturzgebirge
„ 312,8 m	1,2 m	Pegmatitanhydrit
„ 318,6 m	5,8 m	Roter Salzton
„ 423,8 m	105,2 m	Leine-Steinsalz
„ 456,3 m	32,5 m	Hauptanhydrit
„ 461,8 m	5,5 m	Grauer Salzton
„ 495,5 m	33,7 m	Kaliflöz Staßfurt

Für das oben beschriebene Gebiet wurde eine Isohypsenkarte der Unterkante des Grauen Salztons konstruiert. Als Unterlagen für diese Karte dienten:

1. die Untersuchungsergebnisse von Altbohrungen und Schächten;

2. die bei den in den Jahren 1955—1958 durchgeführten Erkundungsarbeiten für das Kaliwerk Bernburg—Gröna aufgestellten Schichtenverzeichnisse;

3. die für den Bereich einiger Schachtanlagen angefertigten Spezialdarstellungen von DECKER (Kaliwerk Friedenshall), ILAUSKY und R. MAY-REUTER (Kaliwerk Bernburg—Gröna) und I. LÖFFLER (Schächte an der Nordostflanke des Aschersleben Sattels).

Auf der Isohypsenkarte fällt die flache Lagerung des Bernburger Plateaus gegenüber den steilen Zechsteinsätteln besonders ins Auge. Das Bernburger Plateau hat einen etwa dreieckigen Umriß, wie bereits HERRMANN (1934b) festgestellt hatte. Die Abgrenzung nach Osten zum Bernburger Sattel hin ist durch zahlreiche Bohrungen besonders gut bekannt. Sie wurde durch die Ergebnisse zweier neuer Kupferschieferbohrungen, Aderstedt 1 und 2 (nach freundlicher Mitteilung von M. MERTKE), weiter verfeinert. Die Bohrung Aderstedt 2 liegt 450 m nordöstlich der Bohrung Gröna 8, die Bohrung Aderstedt 1 wurde 700 m südsüdwestlich der Bohrung Gröna 7 E angesetzt. In beiden Bohrungen wurde das Kaliflöz Staßfurt angetroffen, während das Leine-Steinsalz abgelaugt war. Die Unterkante des Grauen Salztons wurde in Bohrung Aderstedt 1 bei —146 m NN und in Bohrung Aderstedt 2 bei —149 m NN erbohrt. Diese Ergebnisse bestätigen ebenfalls die angenommene flache Lagerung auf dem Bernburger Plateau sowie die Tatsache, daß die Ablaugungszone des Bernburger Sattels westlich der Bohrung Gröna 8 endet.

Nach Norden hin hat das „Bernburger Plateau" einen spornartigen Vorsprung, den von HERRMANN (1934b) angenommenen Walkhügelsattel, der aus dem Isohypsenverlauf deutlich zu erkennen ist. Der Walkhügelsattel hebt sich jedoch in Richtung auf den Walkhügel nicht heraus, sondern taucht ab. Aus der Isohypsenkarte sind daher keine Anhaltspunkte für das Hochquellen eines „Salzpfropfens" im Walkhügel zu erkennen.

Das nach Norden und Osten gut abgegrenzte Bernburger Plateau ist in seinem Verlauf nach Südwesten zu den Bohrungen nordöstlich des Ascherslebener Sattels hin noch völlig offen. Ebenso fehlt eine Begrenzung nach Südosten. Hier ist lediglich durch die Bohrungen „Alsleben" bekannt, daß das Kaliflöz Staßfurt in diesem Bereich bereits abgelaugt ist.

Auf dem Bernburger Plateau ist trotz seiner hohen Lage (es liegt etwa zwischen —110 m und —160 m NN) das Kaliflöz Staßfurt noch erhalten, das Leine-Steinsalz ist dagegen vollständig abgelaugt. Die das Kalisalzlager gegen Laugen aus dem Hangenden schützende Folge des Hauptanhydrits und des Grauen Salztons muß daher in diesem Gebiet eine besonders geringe tektonische Beanspruchung aufweisen, was ein weiteres Vordringen der das Leine-Steinsalz lösenden Laugen nach der Teufe verhinderte. Diese Erklärung fand schon KIRSTEN (1928). Die Deutung, daß das Vorhandensein des Kaliflözes Staßfurt auf eine geringe tektonische Beanspruchung der hangenden Schichtenfolge zurückzuführen sei, spricht gleichzeitig gegen eine Fortsetzung der Sattelzone des Staßfurter Sattels über das Bernburger Plateau zum Bernburger Sattel oder zum Beesenlaublinger Gipsstock.

Im Nordwesten des Bernburger Plateaus befindet sich die Osmarslebener Mulde, die aus dem Verlauf der Isohypsen gut zu erkennen ist. Die Muldenachse verläuft etwa durch die Bohrungen Warmsdorf (Unterkante des Grauen Salztons bei —383 m NN) und Osmarsleben (Unterkante des Grauen Salztons bei —384 m NN). Die Bohrung Gröna 10 liegt schon auf dem südöstlichen Muldenflügel (Unterkante des Grauen Salztons bei —361 m NN). Leider ist die in der Osmarslebener Mulde liegende Bohrung Amesdorf tektonisch gestört, so daß sie für die Isohypsenkarte nicht ausgewertet werden konnte. Es fallen in ihr der Hauptanhydrit und der Graue Salzton aus. Es liegt hier wahrscheinlich eine intensive Spezialfaltung ähnlich der nördlich des Bernburger Sattels vor. Ein weiterer Hinweis auf eine stärkere Durchbewegung in der Osmarslebener Mulde gibt die Bohrung Gröna 10, in der der Graue Salzton zweimal angetroffen wurde. Das Leine-Steinsalz ist in der Osmarslebener Mulde mit den Zonen des Linien- und Kristallsalzes, des Anhydritmittelsalzes und des Tonflocken- und Schwadensalzes angetroffen worden. Das Aller-Steinsalz ist dagegen abgelaugt.

Die Ablaugungszone des Staßfurter Sattels ist auf der Isohypsenkarte bis nach Güsten ähnlich der STORCKschen Darstellung gezeichnet worden. Nur endet hier die Sattelzone in der Abbiegung nach Südwesten. An sie schließt sich südlich die Osmarslebener Mulde an. Nach Osten taucht die sehr steile Flanke des Staßfurter Sattels in die tiefe und schmale Nienburger Mulde ab, während sich nach Westen die Güstener Mulde anschließt, in der die Schichten nur allmählich absinken. In beiden Mulden ist die Aller-Serie noch erhalten.

Auf Grund der Ergebnisse der Bohrungen am Westende des Bernburger Sattels ergibt sich eine Korrektur der bisherigen Auffassungen. Sein Streichen verläuft nicht, wie bis jetzt dargestellt, flachherzynisch, sondern etwa westöstlich, wie bereits früher von Rühle (1913) angenommen worden war. Einen ähnlichen Verlauf, allerdings etwas in eine flach erzgebirgische Richtung einschwenkend, scheint die Peißener Mulde zu haben, an die sich von Südosten her der erzgebirgisch streichende Beesenlaublingen—Lebendorfer Gipsstock anschmiegt. Seine Fortsetzung nach Nordosten ist durch die Ergebnisse der Erkundungsbohrung Lebendorf 2 bestätigt worden, in der ähnlich wie in Bohrung Lebendorf 1 über dem Staßfurt-Steinsalz ein 348 m mächtiger Gipshut angetroffen wurde. Trotz der von Herrmann (1934b) festgestellten Zugehörigkeit des Gipsaufbruches von Beesenlaublingen zu dem erzgebirgischen Querelement sprechen die Darstellungen der Ablaugungszonen auf der Karte nicht direkt gegen eine Verbindung in steilherzynischer Richtung zum Nordende des Bernburger Sattels. Eine Verbindung zwischen Beesenlaublingen und dem Staßfurter Sattel scheint aber durch den Nachweis der durchgehenden Osmarslebener Mulde nunmehr ausgeschlossen zu sein.

Eine Verbindung des Staßfurter Sattels mit dem Schierstedter Sattel ist aus dem Verlauf der Isohypsen ebenfalls nicht zu erkennen. Dieser spricht dagegen mehr für eine Verbindung des Schierstedter Sattels über das Bernburger Plateau mit dem Bernburger Sattel. Desgleichen scheint der Quenstedt—Mehringer Sattel in das Bernburger Plateau einzumünden. Es sind dies alles erzgebirgisch streichende Sättel, die nur flach einfallende Sattelflanken haben. Eine Angleichung an die flache Lagerung des Bernburger Plateaus, das in sich bei größerer Aufschlußdichte ebenfalls äquivalente flache Niveauschwankungen der Isohypsen erkennen lassen dürfte, scheint deshalb nicht ausgeschlossen zu sein.

Eine Bestätigung der südöstlich des Quenstedt—Mehringer Sattels von R. Herrmann (1934a) am Ascherslebener Sattel kartierten Sättel und Mulden kann durch die Aufschlüsse im Zechstein nicht gegeben werden. Es liegt allerdings auch nur eine geringe Aufschlußdichte vor. Das merkwürdige Restvorkommen von Aller-Steinsalz in den Bohrungen Aschersleben I und Nordharz läßt jedoch auf sehr komplizierte tektonische Verhältnisse schließen, eventuell sogar auf Bruchtektonik.

Betrachten wir die neuen Ergebnisse vom Standpunkt der „Faltendurchkreuzung“ im Herrmannschen Sinne, so müssen wir feststellen, daß die Tektonik nicht die klare einheitliche Anordnung erkennen läßt, sondern wesentlich komplizierter ist, als früher angenommen wurde. Es läßt sich vielmehr ein Übergehen der einen in die andere Richtung beobachten, weshalb auch die im Vorstehenden genannten Richtungsangaben nicht im zeitlichen Sinne gebraucht werden sollten. Das komplizierte Bild der Salzstrukturen im östlichen Teil des Subherzynen Beckens mag einesteils mit der Nähe des paläozoischen Rahmens (insbesondere der Halle—Hettstedter Gebirgsbrücke) zu erklären sein, anderenteils scheint es aber auch dafür zu sprechen, daß die Salzfolge eigenen Gesetzmäßigkeiten im Sinne der Trusheimschen Halokinese unterliegt, die eine zeitliche Einordnung der einzelnen tektonischen Richtungen, die hier so häufig ineinander übergehen, nicht ermöglichen (Trusheim 1957). Um hierüber aber endgültig Klarheit zu schaffen, bedarf es noch weiterer intensiver Untersuchungsarbeiten in diesem Gebiet.

Zusammenfassung

Für den Raum Bernburg—Güsten—Aschersleben wurde auf Grund der letzthin durchgeführten Erkundungsarbeiten unter Verwendung älterer Unterlagen eine Isohypsenkarte der Unterkante des Grauen Salztons angefertigt. Die Karte zeigt deutlich, daß entgegen der Auffassung Storcks keine Verbindung zwischen dem Staßfurter Sattel und dem Bernburger Sattel bzw. dem Gipsstock von Beesenlaublingen besteht. Zwischen dem Staßfurter Sattel und den südlich folgenden Strukturen verläuft die erzgebirgisch streichende Osmarslebener Mulde, wodurch eine ältere Annahme Herrmanns bestätigt wurde. Die Anlage der Zechsteintektonik im Ostteil des Subherzynen Beckens ist wohl komplizierter als bisher angenommen. Wahrscheinlich ist dies auf die Nähe des paläozoischen Rahmens zurückzuführen.

Резюме

На основе недавно проведенных геологоразведочных работ была составлена карта изогипс подошвы серой соляной глины для района Бернбург-Гюстен-Ашерслебен; использовались и более старые материалы. Из карты ясно видно, что в противоположность мнению ШТОРКа нет связи между Штасфуртской антиклиналью и Бернбургской антиклиналью или гипсовым куполом Беезенлаублинген. Между Штасфуртской антиклиналью и структурами на юге проходит Эсмарслебенская мульда, простирающаяся в направлении Рудных Гор; этим подтвердилось более старое мнение ГЕРМАНа. Вид цехштейнской тектоники, кажется, сложнее, чем предполагалось до сих пор. Причиной является вероятно близость палеозойского обрамления.

Summary

Based on recent reconnaissance works a map was compiled with the aid of earlier informations of the curves of equal absolute sea level for the lower edge of the Grey Saliferous Clay in the Bernburg—Güsten—Aschersleben area. Contrary to Storcks opinion the map clearly shows that there is no connection between the Staßfurt ridge and the Bernburg ridge, and the Beesenlaublingen gypsum mass respectively. Between the Staßfurt ridge and the structures following towards the south the Osmarsleben trough trends in the Erzgebirge direction, thereby confirming Herrmanns earlier hypothesis. The Zechstein tectonic structure in the eastern part of the Subhercynian Basin is doubtlessly more complicated than was hitherto supposed, and is probably due to the proximity of the paleozoic frame.

Literatur

Decker, F.: Der Graue Salzton im Norden des Bezirkes Halle. — Diplomarbeit, Bergakademie Freiberg 1955, unveröff.

Herrmann, R.: Faltendurchkreuzung im nordöstlichen Harzvorland. — 26. Jber. Nieders. Geol. Ver. Hannover, Hannover 1934 (1934a).

— Der Gipsstock von Beesenlaublingen im Saalkreis. (Zur kimmerischen Salztektonik des Subherzynischen Beckens). — Jb. Hall. Verb., NF., **13**, Halle 1934 (1934b).

Ilausky, V.: Salztektonik im Bernburger Gebiet. — Diplomarbeit, Bergakademie Freiberg 1955, unveröff.

Keilhack, K.: Erläuterungen zur Geologischen Karte von Preußen, Blatt Bernburg. — Lief. 177, Berlin 1913.

Kirsten, E.: Der geologische Bau des Gebietes zwischen Eine und Hakel. — Jb. Hall. Verb., NF., **7**, Halle 1927.

Löffler, I.: Geologische Untersuchung der Grenzzone Staßfurtserie — Leineserie im östlichen Harzvorland. — Diplomarbeit, Bergakademie Freiberg 1956, unveröff.

Löffler, J.: Die Carnallitgesteine des Raumes Aschersleben — Schierstedt. — Freib.-Forsch.-H., C 87, Akademie-Verlag, Berlin 1960.

Reuter, R.: Abschlußbericht über die Erkundungsarbeiten auf Kalisalze und Kupferschiefer im Raum Ilberstedt—Gröna in den Jahren 1955—1958. — Akten des Geol. Dienstes, Halle 1959.

Rühle, C.: Der Aufbau der Kalisalzlagerstätte des Bernburger Sattels, insbesondere des „älteren Lagers“ von „Solvay in Preußen“. — 6. Jber. Nieders. geol. Ver. Hannover, Hannover 1913.

Schröder, E.: Die geologischen Verhältnisse in den Grubenfeldern der Deutschen Solvay-Werke. — Unveröffentl. Gutachten im Archiv des Kaliwerkes Friedenshall, 1926.

Stahl, A.: Karte der nutzbaren Lagerstätten Deutschlands. — Herausg. preuß. geol. Landesanst., Lief. 12, Blatt Dessau, Berlin 1921.

Steinbrecher, B.: Zwischenbericht über die Erkundungsbohrungen auf Kali und Kupferschiefer im Raum Ilberstedt—Gröna. — Akten des Geol. Dienstes, Halle 1958.

Storck, U.: Das Kalilager in den Grubenfeldern „Bernburger Kaliwerke“ und „Gröna“ und seine Beziehungen zu den übrigen Ablagerungsgebieten der Staßfurt-Region. — Arch. Lagerstättenf., H. 65, Berlin 1937.

Trusheim, F.: Über Halokinese und ihre Bedeutung für die strukturelle Entwicklung Norddeutschlands. — Z. deutsch. geol. Ges., **109**, Hannover 1957.

Weigelt, J.: Der tektonische Unterbau der Mitteldeutschen Hauptscholle. — Festschr. 23. deutscher Geographentag Magdeburg, Braunschweig 1929.

Untersuchung von Salzprofilen durch geophysikalische Bohrlochmessungen[1)]

N. A. PERKOW, Moskau

Die salinaren Sedimente, die vorwiegend aus Stein- und Kalisalzen sowie aus Gips und Anhydrit bestehen, sind in den Sedimentgesteinen, die durch Erkundungsbohrungen auf Erdöl und Erdgas aufgeschlossen werden, weit verbreitet. Sie bilden auch die zahlreichen im Norden der DDR auftretenden Salzstöcke. Diese Schichten enthalten manchmal terrigene Gesteine, vorwiegend Tonschiefer oder Salzton und tonige Anhydrite. Die Untersuchung der lithologischen Zusammensetzung der salinaren Schichten ist nicht nur geologisch interessant, sondern auch für die Praxis von Bedeutung, da außer Steinsalz in ihnen auch Kalisalzschichten angetroffen werden, die wirtschaftlich nutzbar gemacht werden können.

Eine genügend detaillierte Erforschung der verschiedenen physikalischen Eigenschaften der salinaren Sedimente durch Untersuchung der Gesteinsproben in Laboratorien sowie ein Vergleich der Bohrlochmeßkurven mit den durch Kernaufnahme gewonnenen geologischen Profilen gestatten eine ziemlich sichere Bestimmung der lithologischen Zusammensetzung der Gesteine nach den Ergebnissen der geophysikalischen Bohrlochuntersuchungsmethoden.

Ausgehend von den physikalischen Eigenschaften der Gesteine soll im folgenden jede Methode der Bohrlochgeophysik eingeschätzt werden.

1. Messung der natürlichen Potentiale (Eigenpotentialkurve

Beim Abbohren der Salzflöze versalzt die das Bohrloch füllende Tonspülung, und ihre Mineralisation kommt der des Schichtwassers nahe oder übertrifft sie sogar. Daher ist die Eigenpotentialkurve in Salzgesteinen wenig differenziert (Kurve mit schwachen Wellen oder eine gerade Linie) und kann nichts über das geologische Profil aussagen.

2. Messung der scheinbaren spezifischen Widerstände (Widerstandskurve)

Der spezifische elektrische Widerstand der Steine und Kalisalze sowie der von Tonbeimischungen freien Anhydrite ist sehr hoch; sie gelten daher als Gesteine mit unendlich großem Widerstand. Die bei der Karottage gemessenen scheinbaren Widerstände ρ_k solcher Gesteine werden aus folgender Gleichung bestimmt:

$$\rho_k = 8\left(\frac{L}{d}\right)^2 \rho_c$$

L = Länge der Sonde, d = Bohrlochdurchmesser,
ρ_c = Widerstand der Spülflüssigkeit im Bohrloch.

Bei geophysikalischen Bohrlochvermessungen ist die das Bohrloch füllende Flüssigkeit gewöhnlich homogen, und in der Regel verändert sich ihr Widerstand innerhalb eines begrenzten Intervalls nicht. Die Länge der Sonde bleibt für das betreffende Diagramm ebenfalls unverändert.

Daher kann angenommen werden, daß $\rho_k = K/d^2$ ist, wobei die konstante Größe für den betreffenden Meßzyklus $K = 8L^2\rho_c$ ist.

Diese Übereinstimmung zeigt, daß sich mit einer Veränderung des Bohrlochdurchmessers der scheinbare Widerstand ändert, und zwar ist der gemessene Widerstand umgekehrt proportional dem Quadrat des Bohrlochdurchmessers. Die Kurve der scheinbaren Widerstände entspricht somit in ihrer Form genau dem Spiegelbild der Kaliberkurve. Der Verlauf der Widerstandskurve ist nicht vom Typ der Sonde uud ihrer Länge abhängig.

Die Übereinstimmung der Widerstandskurve mit der Kaliberkurve ist ein Zeichen dafür, daß die Gesteine des Profils einen großen Widerstand besitzen. Störungen dieser Übereinstimmung weisen auf das Vorhandensein von leitenden, gewöhnlich terrigenen Gesteinen sowie auf tonige oder klüftige, mit Salzwasser gefüllte Zonen in den salinaren Sedimenten hin. Aus diesem Grunde sind die Kurven der scheinbaren Widerstände in den Profilen der salinaren Gesteine nur in Verbindung mit der Kaliberkurve brauchbar.

3. Messung der natürlichen Radioaktivität (Gamma-Kurve)

Steinsalz, Gips und Anhydrit weisen im Vergleich zu anderen Sedimentgesteinen eine geringe Radioaktivität auf. Enthalten sie Tonbeimengungen, so steigt die Radioaktivität, und zwar ist sie dem Tongehalt im Gestein proportional. Tonschiefer und Tone zeichnen sich durch hohe Werte in den Gamma-Meßkurven aus. Kalisalze besitzen die höchste natürliche Radioaktivität, in den Flözen ändert sich diese in Abhängigkeit vom Kaligehalt. Daher werden auf den Gamma-Meßkurven die Kalisalze durch erhöhte Werte charakterisiert, und in den Schichten mit dem größten Kaligehalt werden maximale Amplituden beobachtet.

4. Messung der induzierten Radioaktivität (Neutron-Gamma-Kurve)

Da die Atomkerne des Chlors einen anormal großen Einfangquerschnitt für thermische Neutronen besitzen, ist die induzierte Radioaktivität eines Mediums mit hohem Chlorgehalt ziemlich groß. In den mit einer Salzlösung gefüllten Bohrlöchern und in den Steinsalzschichten zeigt daher die Neutron-Gamma-Messung gewöhnlich sehr hohe Werte. Eine Ausnahme bilden jedoch die Gesteine, die Wasserstoffatome enthalten. Hier erfolgt die Neutronenbremsung bis zum Niveau der thermischen Neutronen, und zwar werden diese in geringer Entfernung von der Quelle und weit entfernt vom Indikator der Gammastrahlen „eingefangen“. Aus diesem Grunde wird ein beträchtlicher Teil der sekundären Gammastrahlung absorbiert, ohne daß er den Indikator der Gammastrahlung erreicht hat, so daß die Wasserstoff enthaltenden Gesteine auf den Diagrammen der Neutron-Gamma-Messung niedrige Indikationen zeigen. Zu den wasserstoffhaltigen Mineralien halogener Sedimente zählen Gips ($CaSO_4 \cdot 2\,H_2O$) und Carnallit ($MgCl_2 \cdot KCl \cdot 6\,H_2O$). Verhältnismäßig geringe Indikationen auf den Neutron-Gamma-Kurven weisen auch die terrigenen Gesteine, insbesondere Tone und Tonschiefer, auf.

[1)] Deutsche Übersetzung der Originalarbeit: E. RIPPEL

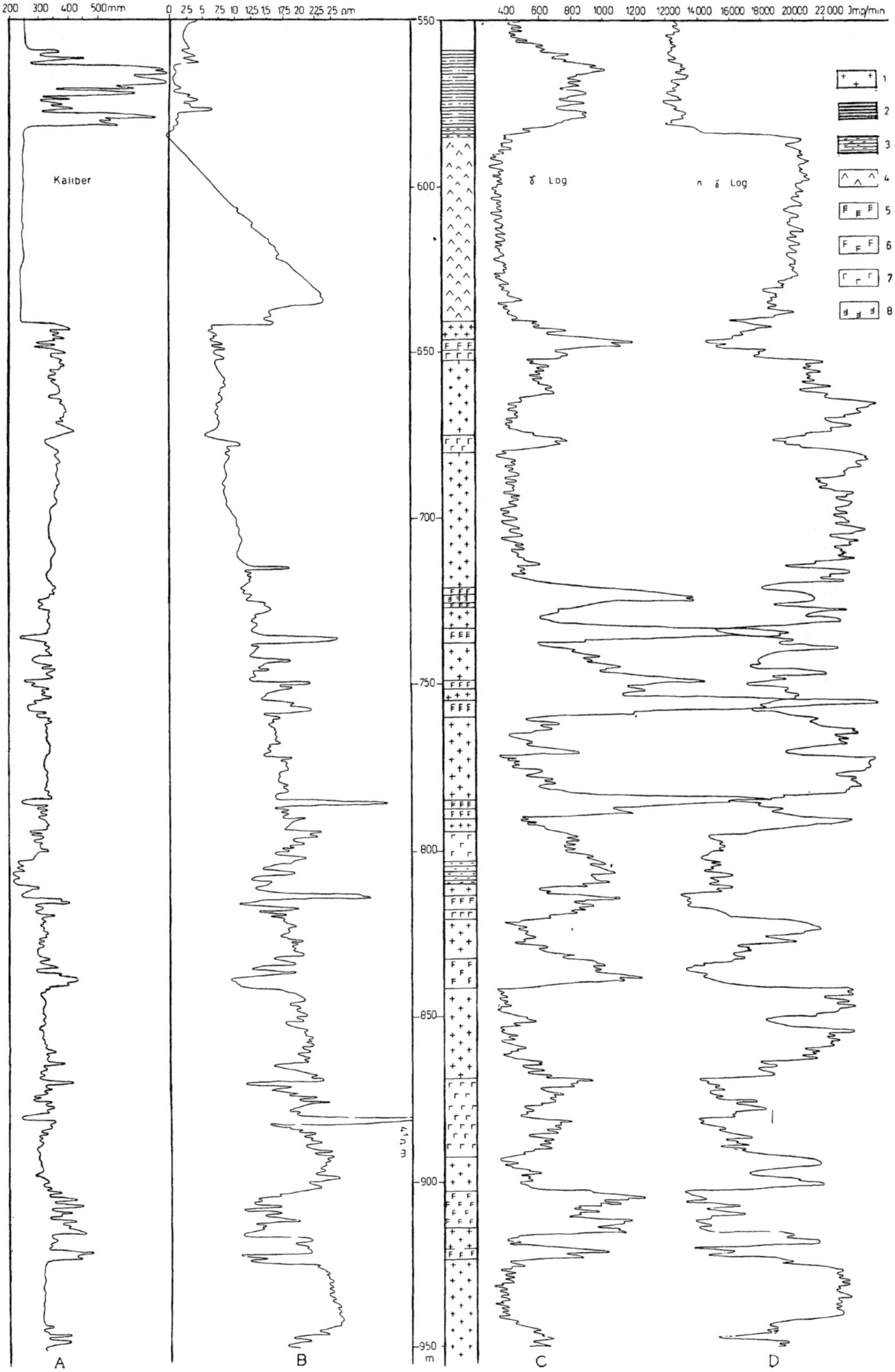

Bohrlochmeßkurven

1 – Steinsalz, 2 – Tone und Tonschiefer, 3 – schluffige Tone, 4 – Anhydrit, 5 – Carnallit mit hohem Kaligehalt, 6 – desgl. mit mittlerem Kaligehalt, 7 – desgl. mit niedrigem Kaligehalt, 8 – Sylvinit
A – Kaliberkurve, B – Kurve der scheinbaren spezifischen Widerstände C – Gamma-Kurve, D – Neutron-Gamma-Kurve

Tab. Charakteristische Indikationen von Bohrlochmeßkurven in salinaren Sedimenten

Gestein	Indikationen				
	Scheinbare Widerstände	Gamma-Messung	Neutron-Gamma-Messung	Gamma-Gamma-Messung	Kaliberkurve
Steinsalz	hoch, nehmen mit der Vergrößerung des Bohrlochdurchmessers ab und umgekehrt	minimal	maximal, im Intervall mit einem großen Durchmesser (über 40 cm) können die Indikationen niedrig sein	durchschnittlich	gewöhnlich stark vergrößerter Durchmesser
Anhydrit	maximal	minimal	sehr hoch	äußerst niedrig	nominaler Wert des Durchmessers
Gips	maximal	minimal	minimal	durchschnittlich	nominaler Wert des Durchmessers
Kalisalze a) Carnallite	hoch, nehmen mit der Vergrößerung des Bohrlochdurchmessers ab und umgekehrt	maximal	minimal	maximal[1])	gewöhnlich vergrößerter Durchmesser
b) Sylvinite	desgl.	desgl.	maximal	durchschnittlich[1])	desgl.
Tone, Tonschiefer	minimal	maximal, manchmal jedoch niedriger als bei Kalisalzen	minimal	durchschnittlich	gewöhnlich vergrößerter Durchmesser

[1]) Entsprechend den an den Proben gemessenen Werten wird die Volumendichte für Carnallite mit 1,8 g/cm³ und für Sylvinite mit 2,1 g/cm³ angenommen.

5. Messung des Bohrlochdurchmessers (Kaliberkurve)

Die wasserlöslichen Salze (Stein-, Kalisalze) sind auf den Kaliberkurven an der Vergrößerung des Bohrlochdurchmessers, im Vergleich zum Durchmesser des Bohrmeißels, zu erkennen. Je nach der Struktur der Salzflöze und den in ihnen enthaltenen Beimengungen anderer Minerale, den Parametern der Tonspülung (Salzgehalt und Wasserabgabe) sowie nach der Zeit, die nach dem Anbohren des Flözes vergeht, kann die Intensität der Auflösung, d. h. der Vergrößerung des Bohrlochdurchmessers im Verhältnis zu seinem nominalen Wert, verschieden sein. Eine Vergrößerung des Bohrlochdurchmessers wird auch beim Durchteufen von Tonschiefern und Tonen beobachtet. Die Kavernenbildung ist hier durch die Wechselwirkung des Gesteins mit dem Wasser der Tonspülung bedingt, und zwar absorbieren die Tonteilchen der Gesteine das Wasser, wodurch ihre Bindigkeit gestört wird und die Tongesteine zerfallen.

In der Tabelle wurden die auf Grund der beschriebenen Eigenschaften in den verschiedenen halogenen Sedimenten wahrscheinlichsten Meßwerte der einzelnen Verfahren zusammengefaßt. In die Tabelle wurde auch die Gamma-Gamma-Messung aufgenommen, die in der betreffenden Bohrung nicht durchgeführt wurde.

Im folgenden sollen an Hand der Tabelle die auf der Abbildung dargestellten Bohrlochmeßkurven einer im Nordwestteil der Mecklenburgischen Senke niedergebrachten Bohrung interpretiert werden. Diese Bohrung erschloß in einer Tiefe von 585 m ein mächtiges Schichtenpaket von halogenen Gesteinen und wurde noch über 500 m weitergeführt. Die Grundlage für die Aufstellung des lithologischen Bohrprofils bildeten die Bohrlochmeßkurven.

Auf der Kaliberkurve zeichnen sich die aus Tonschiefer (558—582 m) und Salz (640 m und tiefer) bestehenden Intervalle deutlich als Maxima ab. Anhydrite und schluffige Tone (585—641 m und 803—809,5 m) heben sich durch Durchmesserwerte, die dem Durchmesser des Bohrmeißels gleich sind oder ihm nahekommen, heraus. In den Intervallen mit vergrößertem Bohrlochdurchmesser sind Widerstandsminima zu beobachten.

Bis zu einer Tiefe von 800 m entsprechen den Maxima der Kaliberkurven gewöhnlich die Minima in den Gamma-Meßkurven; in einer Tiefe von 800 m ist es umgekehrt: Den Durchmesservergrößerungen entsprechen Maxima in der Gamma-Meßkurve.

Die Werte der scheinbaren Widerstände werden im wesentlichen von der Veränderung des Bohrlochdurchmessers bestimmt, die besonders für Salzgesteine charakteristisch ist. Eine Ausnahme bilden die Intervalle 558—582 m und 803—809,6 m mit terrigenen Sedimenten. Die wirklichen Widerstände dieser Gesteine sind nicht größer als 7—10 Ohmmeter, d. h., sie zeigen die für verfestigte schluffige Tone charakteristischen Werte.

Mit Hilfe der Gamma-Meßkurve lassen sich im Salzflöz Kalisalzschichten ausgliedern, da diesen die Maxima der Indikationen entsprechen. Nach der Intensität der natürlichen Gammastrahlung wurden im Profil Schichten mit hohem, mittlerem und niedrigem Kaligehalt ausgesondert.

Die Neutron-Gamma-Kurve ist im Bereich der salzhaltigen Gesteine stark differenziert. Bei einem Vergleich mit der Kaliberkurve zeigt sich, daß sich eine Veränderung des Bohrlochdurchmessers nicht wesentlich auf die Indikationen der Neutron-Gamma-Karottage auswirkt und daß diese Kurve im wesentlichen die Veränderung der Gesteinszusammensetzung widerspiegelt. Insbesondere entsprechen Minima der Neutron-Gamma-Kurve gewöhnlich Maxima in der Gamma-Meßkurve. Daraus kann man schlußfolgern, daß die in dieser Bohrung angetroffenen Kalisalze Carnallite darstellen. Eine Ausnahme bildet das Intervall 722 bis 726 m, in dem das Kalisalz offensichtlich durch Sylvinit vertreten ist (hohe Indikationen der Gammamessung und der Neutron-Gamma-Messung). Die Eigenpotentialkurve wurde auf der Abbildung nicht dargestellt, da infolge des hohen Salzgehalts der Tonspülung in dem betrachteten Intervall wesentliche Abweichungen von einer Geraden fehlen.

Literatur

DACHNOW, W. N.: Interpretation der Ergebnisse geophysikalischer Bohrlochuntersuchungen. — Gostoptechisdat, 1955.
— Bohrlochgeophysik. — Gostoptechisdat, 1959.
PERKOW, N. A.: Interpretation der Karottage-Ergebnisse von Erdölbohrungen. — Gostoptechisdat, 1958.
— Untersuchungen auf Eisenerze, Kohle und Kalisalze. — Z. angew. Geol., 6, S. 253—255 (1960).

Einige Probleme beim Aufsuchen verborgener Lagerstätten seltener Metalle[1])

G. N. SCHTSCHERBA, Moskau

Mit dem Aufsuchen verborgener Erzkörper setzte man sich bisher im großen und ganzen noch nicht genügend auseinander. Es wird jedoch besonders für ältere Bergbaugebiete bereits aktuell. Ökonomische Erwägungen zwingen uns, nicht nur verborgene Erze schlechthin zu suchen, sondern vor allem hinreichend große Lagerstätten. Je tiefer diese liegen, um so reicher müssen sie sein. Da gegenwärtig nur relativ wenig über die Metallogenese bekannt ist, muß auf Grund des von jedem erzführenden Bezirk vorhandenen Untersuchungsmaterials das Aufsuchen verborgener Erze in jedem einzelnen Fall nach bestimmten Methoden effektiv geplant werden. Selbstverständlich muß man beim Aufsuchen verborgener Erze die bei der Untersuchung bereits aufgefundener Lagerstätten ermittelten Gesetzmäßigkeiten nutzen.

Beim Aufsuchen verborgener Erze kann man folgende Aufgaben unterscheiden:

a) Auffinden neuer Erzbezirke;
b) Auffinden neuer Lagerstätten;
c) Auffinden neuer Erzkörper;
d) Auffinden einer bisher unbekannten Vererzung.

Das Auffinden neuer Erzbezirke besitzt für die östlichen Gebiete der UdSSR große Bedeutung. Der zweite Punkt ist für jeden Bergbaubezirk aktuell, der dritte und vierte sind wichtig für jede eingehend erkundete und im Abbau befindliche Lagerstätte.

Erzbezirke: Bei der Zusammenstellung prognostischer Karten der seltenen Metalle für Zentralkasachstan zeigte sich, daß alle wichtigen Erzbezirke an Kreuzungspunkten ungleichaltriger beweglicher Zonen, die man mit Hilfe gravimetrischer Vermessungen festgestellt hat, liegen. Entsprechend dem Denudationsniveau und den geologischen Verhältnissen treten hier aufgeschlossene, überdeckte und nicht aufgeschlossene Lagerstätten und Lagerstättengruppen auf. Für die Bildung von Lagerstätten seltener Metalle haben die postherzynischen beweglichen Zonen große Bedeutung.

Erzlagerstätten: Um neue Erzlagerstätten innerhalb von Erzbezirken aufzufinden, muß man eine Reihe von Methoden der metallogenetischen und strukturgeologischen Analyse anwenden.

Es steht fest, daß die überdeckten vulkanischen Kuppeln im Altai für eine Lokalisation polymetallischer Erze günstig sind. Die Gürtel der postherzynischen erzführenden Intrusionen sind aber nicht in allen Gebieten im gleichen Maße aufgeschlossen.

Verdeckte erzführende Intrusionen sind anhand des Bereiches der Hornfelsbildung (Wostotschnye Kajrakty u. a.), der Feldspatisierung und Pyritisierung (Shanet u. a.) aufzufinden, die Lagerstätten auf Grund der geochemischen Verhältnisse (Karasas u. a.). Verdeckte Lagerstätten seltener Metalle liefern anomale Magnet- und Emanationsfelder, die durch Aufnahmen von der Erdoberfläche und von der Luft aus nachweisbar sind.

Sedimentäre Lagerstätten können aufgefunden werden, indem bestimmte lithologisch-fazielle Horizonte verfolgt werden (vanadinführende Schiefer des Kambriums, phosphatführende Horizonte des Ordoviziums, bleiführende Kalkfazies des Oberdevons und Unterkarbons u. a.).

Die Wahrscheinlichkeit des Auftretens verdeckter Lagerstätten in Zentralkasachstan leitet man aus dem großen stratigraphischen Intervall (vom Proterozoikum bis zum Perm) und der großen vertikalen Amplitude der Vererzung (0,5—2 km) ab.

Zum Aufsuchen verborgener Lagerstätten werden detaillierte geologische Aufnahmen und Sucharbeiten, geophysikalische und geochemische Untersuchungen sowie Perspektivbohrungen mit Erfolg angewandt.

Erzkörper: In einem Erzfeld sind die Erzkörper entsprechend den lithologisch-strukturellen Verhältnissen verteilt und durch erhebliche erzfreie Zwischenräume voneinander getrennt. Die günstigen und ungünstigen Bedingungen für den Erzabsatz wechseln nicht nur flächenmäßig, sondern auch in der Vertikalen. Aus diesem Grunde ist die Vererzung in vielen Etagen anzutreffen, was auch das Auftreten verborgener Erzkörper bestimmt.

Bei erheblicher Vererzung mit seltenen Metallen und einer vertikalen Ausdehnung bis 2 km bilden die abbauwürdigen Erzkörper Gänge, Linsen, band- und stockartige Lager und Stockwerke, die durch nichtabbauwürdige Bereiche getrennt sind. Die lithologisch-strukturellen Verhältnisse (Aktschatau, Ost-Kounrad, Batystau, Shanet, Koktenkul u. a.) sind die Hauptfaktoren für eine Verteilung der Vererzung. Durch Untersuchung der Strukturen wird somit das Auffinden neuer Erzkörper begünstigt.

In Leninogorsk werden — da die polymetallischen Erze in vielen Etagen auftreten — seit mehreren Jahren verborgene Erzkörper in mehreren Horizonten, die unter einem früher als „kritisch" bezeichneten Horizont liegen, erkundet.

Andere Bedingungen treten natürlich beim Aufsuchen von Erzen, die an der Oberfläche ausgelaugt worden sind, auf. In diesem Fall wird die metallometrische Bemusterung und die Untersuchung von Form und Charakter der Auslaugungshohlräume angewandt (Ost-Kounrad, Usunbulak u. a.). Das Aufsuchen neuer Erzkörper erfolgt mit Hilfe bergmännischer Aufschlüsse und Bohrungen durch eine geologisch-strukturelle Analyse.

Bisher unbekannte Vererzung: Die Lagerstätten seltener Metalle in Zentralkasachstan sind komplexe Lagerstätten. Die festgestellte vertikale Zonarität der Vererzung — weiter vom Erzbringer entfernt liegt die Wolframvererzung, näher dazu die Zinn- und Molybdänvererzung — ermöglicht die Voraussage der in der Tiefe noch auffindbaren Erze. In zahlreichen Fällen bestätigten sich die gestellten Prognosen (Wostotschnye Kajrakty u. a.).

Eine bei geringerer Temperatur entstandene Vererzung anderer Zusammensetzung, die sich entweder durch Abkühlung der Lösungen in den oberen Zonen absetzte oder in die Abschlußetappen gehört, bildet weitere Erzzonen. Es ist nun möglich, die Bleivererzung

[1]) Aus: „Materialien für die Allunionsberatung zur Ausarbeitung wissenschaftlicher Grundlagen für das Aufsuchen verborgener Erzkörper (Thesen der Vorträge und Mitteilungen)", Moskau 1958, S. 57—60 (russ.). Übers.: W. OESTREICH

anhand der Quecksilberhöfe zu suchen, die Wolframvererzung anhand von Pyrit und Blei, die Molybdänvererzung anhand von Wolfram usw. Das heißt, für die Vorhersage einer neuen Vererzung wendet man hier im wesentlichen die metallogenetische Analyse und geochemische Methoden an.

Die Gesamtplanung der Sucharbeiten auf verborgene Erzkörper wird in der UdSSR durch einen einheitlichen geologischen Dienst, der dem Ministerium für Geologie und Lagerstättenschutz angeschlossen ist, erleichtert. Die bisher bei der Auffindung der verborgenen Vererzung gesammelten Erfahrungen zeigen, daß die Aufstellung der Prognosen nicht durch schablonenhafte Arbeitsweise, sondern nur durch Untersuchung und Analyse des für die betreffenden Bereiche vorhandenen Materials über die Metallogenese möglich ist.

Ehe man die teuren untertägigen Such- und Erkundungsverfahren anwendet, muß das Untersuchungsgebiet bereits an der Oberfläche mit komplexen Methoden, deren Kombination von den örtlichen Verhältnissen und den gestellten Zielen abhängt, eingehend untersucht worden sein. Weiterhin ist zu berücksichtigen, daß man Erze in den dem Abbau erreichbaren Teufen suchen und nur ökonomisch effektive Erze erkunden soll. Für die seltenen Metalle kommen daher entweder verborgene quarzgangreiche Körper oder große Stöcke, die für einen Tagebaubetrieb geeignet sind, in Frage.

Die Messung von Linearen in der Tektonik

GERHARD HEMPEL, Jena

Die tektonischen Elemente lassen sich in flächige und lineare Texturen einteilen. Beide haben für die Erkennung des Gebirgsbaus und die Rekonstruktion der Bewegungsvorgänge gleiche Bedeutung. Der Geologe ist deshalb an ihrer vollständigen Aufnahme interessiert.

Am leichtesten erfaßt die messende Tektonik flächige Texturen. Ihr Streichen ist in vielen Fällen bereits aus der Karte ersichtlich (Schichtgrenzen, Verwerfungen, Gänge usw.); ihre vollständige räumliche Erfassung und die Aufnahme der übrigen Flächengefüge (Schieferflächen, Schubklüftung, Klüftung, nicht kartierbare Gänge und Verwerfungen) erfolgen mit dem Geologenkompaß.

Lineare Elemente ergeben sich nur selten aus der Karte (das Streichen der Faltenachsen z. B. nur bei horizontaler Lage). Zu diesem unbedeutenden Unterschied kommt eine prinzipielle Schwierigkeit der Meßmethode. Lineare Elemente können nicht einfach durch Streichen und Fallen erfaßt und dargestellt werden. Es gibt verschiedene Möglichkeiten der Messung, die je nach Art der Lineation bevorzugt zur Anwendung kommen.

„'Lineation' umfaßt alle linearen Texturen ohne Rücksicht auf ihren Ursprung. Sie kann herrühren von: primärem und sekundärem Fließen, Rotation um Achsen, Überschneidung flächiger Texturen, Gleitung und Mineralwachstum." ...

„Lineation ist ein beschreibender und ungenetischer Begriff für einige Arten linearer Texturen in oder auf einem Gestein. Sie umfaßt Rillen auf Harnischen, Faltenachsen, Fließlinien, Streckung, Längung von Geröllen oder Ooiden, Runzeln, Striemen, Überschneidung von Flächen, lineare Parallelordnung von Mineralien oder Komponenten oder einige andere Sorten linearer Texturen von megaskopischer, mikroskopischer oder regionaler Dimension." (E. CLOOS 1946, S. 1.)

Diese verschiedenen Arten von Lineartexturen lassen sich in drei Gruppen zusammenfassen:

1. Durch Überschneidung von Flächen entstehende Lineare [beta-Schnittkante von Flächen gleicher Entstehung, z. B. verschiedener Schieferflächen (Runzelung), delta = Schnittkante von Flächen ungleicher Entstehung, z. B. Schichtung und Schieferflächen (BRINKMANN 1955, S. 2), auch Kreuzlinie (BREDDIN) oder Borten].

2. Lineation auf Flächen [Harnische mit Rillung, s-Flächen mit Runzeln, s-Flächen mit Borten (Schichtung nicht als Ablösungsfläche entwickelt und nicht meßbar)].

3. Von Flächen unabhängige Lineare (Stengelung und feingriffeliges Gefüge, Faltenachsen, Längsachsen gedehnter Ooide oder Gerölle usw.).

Die meisten dieser Linearen (Rillung nur selten) geben eine wichtige tektonische Bezugsrichtung an. Entweder zeigen sie die Richtung der Koordinate a (Richtung des tektonischen Transportes, z. B. Rillen auf Schicht- oder s-Flächen senkrecht zur Faltenachse) oder die Richtung b an (Lot auf die Symmetrieebene des Gefüges). Die b-parallele Lage ist ungleich häufiger als die Lage in a. Die Richtung b ist die ausgezeichnete Richtung eines Gebirges oder das sog. „tektonische Streichen" (y W. SCHMIDTS), dem die „Streckung" (ein „technologisches Formglied" nach W. SCHMIDT 1925) entspricht.

Das „tektonische Streichen" wird außer durch Streckung auch durch frei sichtbare Lineartexturen erkennbar. Diese b-parallelen Texturen [b(B)] gehören in den meisten Fällen der dritten Gruppe an.

Die Lineartexturen der ersten beiden Gruppen können im SCHMIDTschen Netz konstruktiv ermittelt und indirekt gemessen werden. Die Lineartexturen der wichtigen dritten Gruppe sind sehr häufig nur durch direkte Messung zu erfassen. Die Messung und Ermittlung linearer Texturen läßt sich wie folgt gliedern:

A. Direkte Messung

1. Einpeilen
2. Anlegen einer Hilfseinrichtung oder eines Spezialkompasses

B. Indirekte Messung, unter Zuhilfenahme des Streich- und Fallwerts der linearentragenden Fläche

1. Streichen und Fallen der Fläche + Winkel zwischen der Linearen und der Streichlinie der Fläche in der Fläche (Winkel ζ SANDERS, Winkel β PHILLIPS')
2. Streichen und Fallen der Fläche + „Fallen" der Linearen (Winkel α bei PHILLIPS)

C. Konstruktive Ermittlung aus tautozonalen Flächen

1. Als Achse des gemeinsamen Zonenkreises (π-Achse des π-Kreises), z. B. von ss- und s-Pol (Zonenmethode)
2. Als Schnittkante der Flächengroßkreise (z. B. ss- und s-Großkreis)

Diese Aufstellung zeigt bereits deutlich den Unterschied zur Flächenmessung. Eine Fläche gestattet immer die Messung einer gedachten Horizontalen (Streichlinie). Ist die Fläche gekrümmt, dann mißt man strenggenommen nicht mehr die Richtung einer

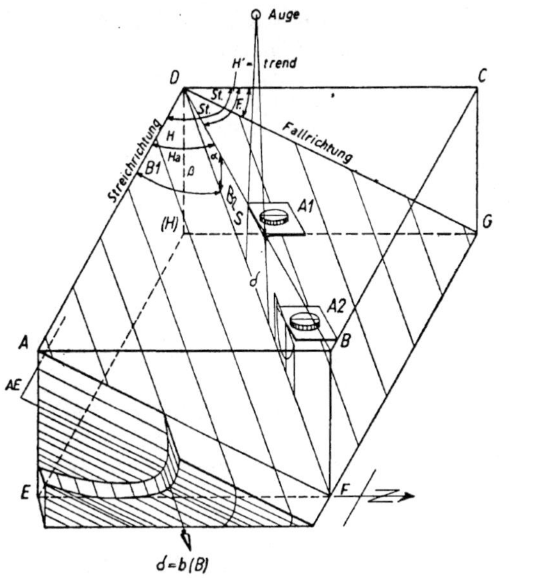

Abb. 1. Raumschema zur Erläuterung der an Flächen und Linearen auftretenden Winkel und deren Messung (A 1, A 2 und B 1, B 2)

horizontalen Geraden (denn die Horizontale ändert — unter Voraussetzung einer nicht horizontalen Krümmungsachse — dauernd ihre Richtung), sondern die der Tangentialebene. Meßtechnisch besteht kein Unterschied. Eine „einfallende" Lineartextur liegt nicht mehr in der Kompaßgrundplatte und kann deshalb nicht durch direkte Berührung mit der horizontalen Kompaßkante gemessen werden. Lediglich die Messung des Fallens kann durch Saigerstellung des Kompasses bei gleichzeitiger Parallelstellung von Kompaßkante und Lineartextur durchgeführt werden. Da das Streichen als die Himmelsrichtung einer Horizontalen definiert ist, muß man die Horizontalprojektion der Linearen erfassen (Linie BD in Abb. 1). Dies ist der Grund für die unterschiedliche und meist umständliche Erfassung linearer Texturen.

A. Direkte Messung

Ohne Zuhilfenahme der linearentragenden Flächen kann man die Horizontalprojektion einer Geraden durch Einpeilen messen: Man mißt das Streichen einer gedachten Vertikalebene, in der Auge, Kompaßkante und Lineare liegen. Solche Messungen sind subjektiv, da man auch innerhalb eines bestimmten Fehlerbereichs noch das Gefühl hat, daß die Projektionsebene vertikal steht. Besonders steil „fallende" Lineare lassen sich nur ungenau erfassen (s. A1 in Abb. 1).

Eine direkte und genaue Messung des Streichens der Horizontalprojektion ist nur mit dem in Abb. 5 gezeigten Zusatzgerät möglich. Das Prinzip beruht auf der körperlichen Darstellung der erwähnten Vertikalebene in Form eines Aluminiumsegments. Bringt man bei horizontaler Kompaßgrundplatte die Unterkante dieser Scheibe durch Drehung um die horizontale Achse in Parallelstellung zu einer Linearen, so kann man bei dieser einzigen definierten Lage der gesamten Kombination das Streichen der Horizontalprojektion gegen N ablesen.

Bevor man das Gerät vom Gestein abhebt, drückt man mit einem Finger gegen die Aluminiumplatte, kippt langsam und liest dann noch das „Fallen" der Linearen ab. Für die Ermittlung dieses zweiten Wertes ist das Segment mit einem konzentrischen Skalenschlitz versehen, an dem man gegen eine geritzte Linie des Kompaß-Platten-Verbindungsstücks den Winkelwert abliest. (Die Gradzahlen laufen von beiden Seiten mit 0° bis zur Mitte mit 90°).

Der Gradschlitz ist nur eine Ergänzung, die mit dem Prinzip der Meßanordnung nichts zu tun hat. Auf diese Weise soll lediglich der zusätzliche Arbeitsvorgang der Fallwertmessung durch das Kompaßklinometer erspart werden (s. A2 in Abb. 1).

Ein prinzipiell gleicher „Apparatus for direct measurement of linear structures" ist von E. INGERSON (1942) beschrieben worden. Hier ist die Ergänzungsplatte nicht an der Seite angebracht, sondern über einen den Kompaß umfassenden Bügel mit der Grundplatte verbunden (s. Abb. 6). Der Kompaß trägt an seiner Unterseite ein beschwertes Zeigerlot und spielt sich auf Grund

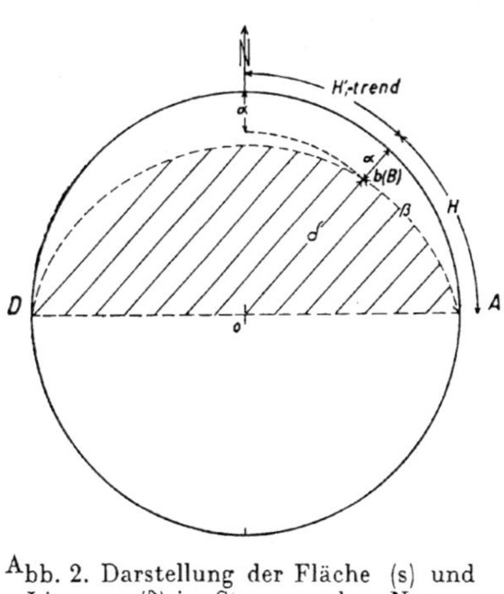

Abb. 2. Darstellung der Fläche (s) und Linearen (δ) im SCHMIDTschen Netz

Winkel β = pitch, Winkel α = plunge

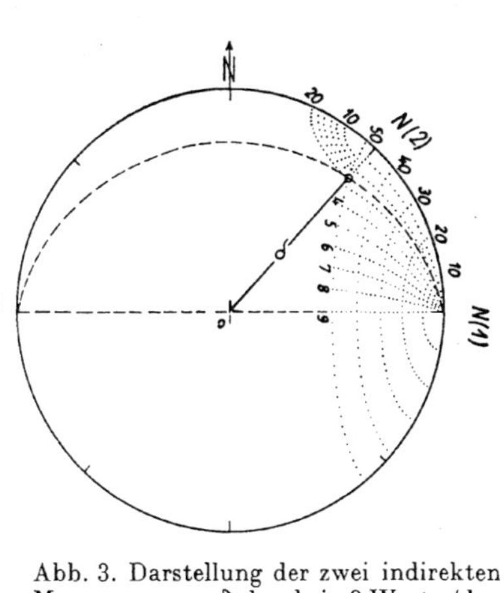

Abb. 3. Darstellung der zwei indirekten Messungen von δ durch je 3 Werte (den 4. erhält man jeweils konstruktiv):

1) Streichen und Fallen der Fläche (90/25 N) + pitch (50°)

2) Streichen und Fallen der Fläche + plunge = (20°). Das Streichen der Horizontalprojektion (trend) der Linearen ergibt sich in beiden Fällen.

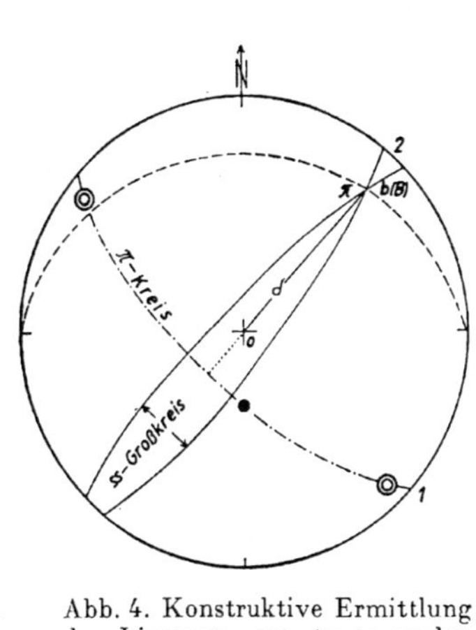

Abb. 4. Konstruktive Ermittlung der Linearen aus tautozonalen Flächen

1) Als Achse des gemeinsamen Zonenkreises (π-Kreis) von ss- und s-Pol (Zonenmethode)

2) Als Schnittkante von ss- und s-Großkreis

der Gewichtsverteilung selbst ein. Man braucht hier nur die Platte zu halten und zu warten, bis der Kompaß eingependelt und zur Ruhe gekommen ist. Dann arretiert man den Kompaßkranz und lockert die Kompaßnadel für die erwünschte Messung. Die Fallwertskala läuft der obenerwähnten entgegen, da an diesem Instrument gegen das Lot der Kompaßgrundplatte abgelesen wird.

Da sich der Kompaß selbst einspielt, ist diese Methode eleganter als die vorgeschlagene. Die Flächenmessung ist dagegen langwierig und bei flacher Lagerung sogar ungenau.

Die dritte Möglichkeit ist von E. CLAR (1954) verwirklicht worden. Dieser zweikreisige Kompaß gestattet durch eine an der Kompaßkante angebrachte und drehbare Platte vor allem die Messung von hangeinwärts fallenden Flächen. An einer Fläche austretende schwach geöffnete Klüfte können mit diesem Instrument vorzüglich erfaßt werden. Lineare werden durch Parallelstellung einer der Ergänzungsplattenkanten mit dem betreffenden linearen Element gemessen. Der CLARsche Kompaß und die Abwandlung des Modells durch M. SCHWAB (1958) lassen einige Nachteile erkennen:

1. Der zweite Teilkreis hat einen kleinen Radius und gestattet keine genauen Ablesungen.
2. In Nischen liegende Lineare können wegen der Plattenbreite nicht erfaßt werden.
3. Flach einschiebende Lineare an der Unterseite hangeinwärts fallender Flächen können nur sehr schwer gemessen werden.

Die Messung flach hangeinwärts fallender Flächen wäre schon durch die Anbringung einer ausziehbaren Platte möglich. Eine solche ausziehbare Platte ist für die vorgeschlagene Apparatur (s. S. 229) unbedingt erforderlich. Für steil hangeinwärts fallende Flächen genügt allerdings schon das Anlegen des Segment-Kompaß-Verbindungsstücks.

B. Die indirekte Messung

Sie erfolgt unter Zuhilfenahme des Streich- und Fallwerts der linearentragenden Fläche.

a) Am Beispiel der Harnischrillen wurden von HAARMANN (1932) alle möglichen Winkel zusammengestellt. Er fügte dem bis dahin bekannten HÖFERschen Winkel (zwischen Streichen der Horizontalprojektion und der Streichlinie der Harnischfläche) und SALOMONschen Winkel (zwischen Horizontalebene und Rutschstreifen) den HAARMANNschen Winkel hinzu. Dieser Winkel wird in der Fläche zwischen Horizontallinie und Rillung gemessen. HAARMANN ließ dafür ein kleines Instrument bauen, das aus einem Halbkreiswinkelmesser und zwei Winkelarmen besteht. Einer der beiden Schenkel ist mit einer Libelle versehen und gibt bei allen Messungen die Lage der Streichlinie der Fläche an. Der untere Arm wird durch Drehung dem linearen Element parallel gestellt.

b) SANDER (1948, S. 130) beschreibt eine über ein Scharnier an den Kompaß montierte Platte, die ebenfalls gegen einen am Kompaß befestigten Halbkreiswinkelmesser gedreht werden kann. Diese goniometerartige Anordnung ist prinzipiell der HAARMANNschen Anordnung gleich. Den Winkel zwischen der Streichlinie der Fläche und einem beliebigen linearen Element nennt er ζ.

In Abb. 1 ist ADF der HAARMANNsche (an Störungen) oder Winkel ζ SANDERs. In der gleichen Weise hätte SANDER natürlich auch den HÖFERschen und SALOMONschen Winkel verallgemeinern können.

c) Weiterhin soll eine rein geometrische und auf sämtliche Lineare anwendbare Benennung aller drei Winkel erwähnt werden. Diese aus dem angelsächsischen Sprachgebrauch stammende Terminologie bezeichnet als pitch (auch Winkel β bei PHILLIPS) den Winkel zwischen dem linearen Element und der Streichlinie der Fläche (strike) in der Ebene (= Winkel ζ SANDERs = HAARMANNscher Winkel) und als plunge den Winkel zwischen der Horizontalen und dem linearen Element in einer Vertikalebene (= Winkel α bei PHILLIPS = SALOMONscher Winkel). Der dritte Winkel liegt in der Horizontalebene und wird als trend (auch bearing) bezeichnet. Er wird nicht gegen die Streichlinie der Fläche (= HÖFERscher Winkel), sondern gegen Nord angegeben. In der deutschen Literatur wird dieser Winkel mit „Streichen der Horizontalprojektion" umschrieben.

Bei der Beschreibung linearer Texturen braucht man am häufigsten das „Streichen der Horizontalprojektion" und das „Fallen". Der erste Begriff ist eine zu lange Umschreibung, und der letzte ist mehrdeutig. Beide Winkel müssen durch bessere Begriffe ausgedrückt werden. Der Begriff „Fallen" wird in neuerer Zeit durch

Die an Linearen auftretenden Winkel (mit einem Beispiel)

Winkellage	in Abb. 1	allgemein: an Verwerfungen	SANDER	engl. Literatur (z. B. PHILLIPS)	Umschreibung	Verwendung
Schrägwinkel	ADF	HAARMANNscher Winkel	Winkel ζ	pitch (β) 50°	Winkel zwischen Linearer und Streichlinie der Ebene in der Ebene	Auf Flächen beziehbare Lineare (Rillung, Runzelung, Borten, Farbstreifung auf s-Flächen usw.) 90/25 N
Vertikalwinkel	BDF	SALOMONscher Winkel		plunge (α) 20° NE	Winkel zwischen Linearer und Horizontalebene (gemessen in der Vertikalebene)	Auf Flächen beziehbare Lineare und freie axiale Elemente (Biegungsachsen, Streckungsachsen usw.)
Horizontalwinkel	1) ADB	HÖFERscher Winkel		(47°)	Streichen der Horizontalprojektion 1) gegen das Streichen der Fläche	Bei Linearen in Ebenen
	2) BDC	HÖFERscher Winkel gegen Nord (H')		trend (bearing) N 43° E	2) gegen Norden	Bei allen Linearen

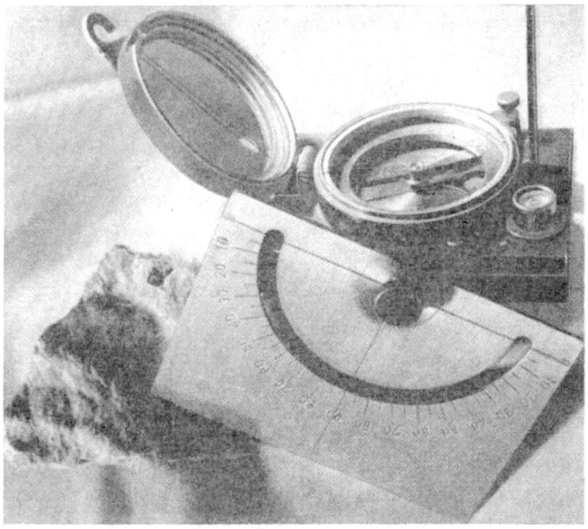

Abb. 5. Meßanordnung mit dem Zusatzgerät für die direkte Messung des Streichens der Horizontalprojektion von Linearen

Einzelteile des Zusatzgeräts: Kompaß-Platten-Verbindungsstück, Schraube (horizontale Drehachse der Platte), Segment mit Skalenschlitz für Fallwertablesung

„Einschieben" ersetzt. Im Gegensatz zu Flächen, die in einer Richtung senkrecht zum Streichen einfallen, schieben Lineare in ihrer Streichrichtung ein. Das Streichen der Horizontalprojektion ist am besten durch den „HÖFERschen Winkel gegen Nord" (kurz H') zu ersetzen.

Man überträgt damit eine ursprünglich auf Harnischrillen bezogene Bezeichnung auf Lineare verschiedenster Genese.

Die gegenseitigen Beziehungen der drei Winkel kann man leicht einschätzen: Liegt das lineare Element horizontal, dann sind alle drei Winkel = 0, und H' hat das gleiche Streichen wie die zugehörige Fläche. An senkrechten Flächen ist H ebenfalls = 0 und H' gleich dem Streichen der Fläche, während der SALOMONsche dem HAARMANNschen Winkel entspricht. Die Erfahrung zeigt, daß bei Überschreitung eines Fallwinkels von 80° HAARMANNscher und SALOMONscher Winkel nicht mehr unterscheidbar sind. In ähnlicher Weise nähern sich HÖFERscher und SALOMONscher Winkel an maximal 10° fallenden Flächen. Im Bereich zwischen den beiden Extremen ist der HAARMANNsche Winkel immer größer als der SALOMONsche. Liegt außer der Linearen auch die Fläche horizontal, dann gibt es kein Streichen und Fallen der Fläche mehr, sondern nur noch den Winkel H' (den man jetzt auch als Streichen der Linearen bezeichnen könnte!).

Zur genauen Angabe der jeweiligen Beziehungen sind von HAARMANN (1932) Formeln, von TUTTLE (1943) und FAIRBAIRN (1949) Nomogramme aufgestellt worden. Sie gestatten die Verwandlung der Winkel ineinander, was immer dann erforderlich ist, wenn auf verschiedene Weise gemessene Werte in der gleichen Art zur Darstellung gebracht werden sollen. In der Tabelle sind die Winkel in Anlehnung an Abb. 1 zusammengestellt worden. Als Beispiel dienten die bortentragenden Transversalschieferflächen einer SE-vergenten Falte mit nordöstlichem Achsengefälle. Es treten folgende Winkel auf:

Fläche: 90/25 N,
delta: pitch (β) = 50°,
[=b(B)] plunge (α) = 20°,
trend = 43° (und H' = 47°)

Für den speziellen Fall der achsenflächenparallelen Transversalschieferung und deren Auslenkung durch Achseneinschieben hat v. GAERTNER (1953) zahlreiche Diagramme entworfen, aus denen man die Winkeldifferenzen in Abhängigkeit von der Steilheit der Schieferflächen, dem Achseneinschieben und der Lage der Kippungsachsen ablesen kann. Diese Darstellung ist auch auf andere Lineare und Flächen anwendbar.

Die Darstellung der linearentragenden Fläche im SCHMIDTschen Netz zeigt Abb. 2. Der Durchstoßpunkt b (B) der direkt gemessenen Achse liegt im NE-Quadranten und fällt auf den zur Kontrolle eingezeichneten Großkreis der s-Fläche (Schnittlinie s-Fläche/Kugelhaube). Der Winkelbetrag zwischen Streichlinie der Fläche (AD) und dem Achsenpol, gemessen in der Ebene s, entspricht β. Der Winkel α wird auf einer der Haupttrassen (hier N—S-Achse) zentripetal abgetragen oder durch Drehung des Oleats für eine bereits vorhandene Eintragung abgelesen oder kontrolliert.

Verlängert man die Linie O—b(B) bis zum Netzrand, dann wird der NE-Quadrant in zwei Horizontalwinkel geteilt, von denen der eine dem „trend" (H'), der andere dem HÖFERschen Winkel i. w. S. entspricht.

Die indirekte Messung erfolgt unter Verwendung der s-Fläche auf zwei Wegen:

1. Auf dem Großkreis der s-Fläche wird vom Netzrand her der Winkel β abgetragen und der Durchstoßpunkt der Achse eingezeichnet.

Zur Bestimmung des Winkels α dreht man das Oleat bis zur Deckung des Polpunktes mit der N—S-Achse und liest dort den Betrag gegen den Netzrand ab. Das Streichen der Horizontalprojektion erhält man durch Verlängerung der Verbindungslinie O—Polpunkt bis zum Netzrand. Dieser Radius schließt mit der N—S-Achse den gesuchten Winkel (trend) ein. Die Darstellung nach dieser Methode setzt natürlich die Messung des Winkels β voraus. Diese erfolgt entweder mit der von SANDER angegebenen goniometerartigen Apparatur oder durch die Verwendung eines transparenten Winkelmessers über einer nach dem Kompaß angeritzten Horizontallinie in der Ebene s.

2. Hierbei geht man ebenfalls von der Eintragung des Flächengroßkreises aus. Das Oleat wird gedreht bis dieser Großkreis die N—S-Trasse in der entsprechenden Winkelzahl (Breitenkreis!) schneidet.

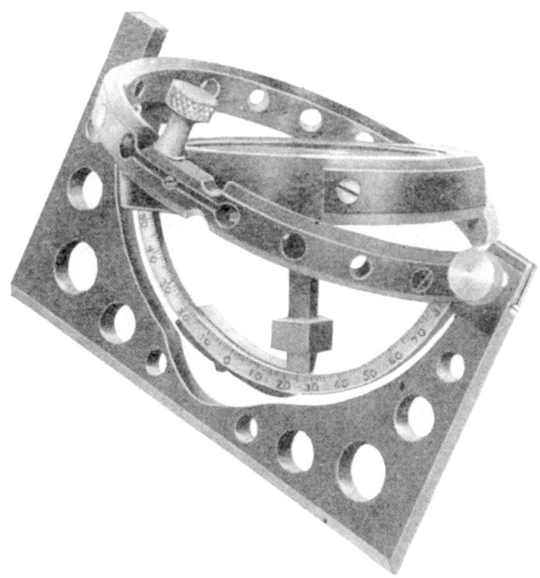

Abb. 6. Apparatur zur direkten Messung linearer Texturen nach E. INGERSON (1942)

Zur Ermittlung des Winkels β braucht der Großkreis nur mit dem Großkreis des Netzes zur Deckung gebracht zu werden. Das Streichen der Horizontalprojektion erhält man wie unter 1.

Will man den Großkreis selbst nicht im Diagramm belassen (z. B. bei statistischen Darstellungen), dann zeichnet man ihn nur in der vermutbaren Umgebung des einzutragenden Polpunktes.

Dieser zweite Weg ist weniger zeitraubend als der unter 1. beschriebene, weil α durch eine normale Klinometermessung erfaßt werden kann.

Da man in der Literatur das Streichen der Horizontalprojektion und das Einschieben eines linearen Elements angibt, müssen alle nicht auf dem einfachen und direkten Weg gewonnenen Werte mit Hilfe der genannten Tabellen und Nomogramme oder nach dem graphischen Verfahren ermittelt werden. (Steht kein Instrument zur direkten Messung zur Verfügung, dann ist der zweite Weg der indirekten Messungen am günstigsten.)

C. Konstruktive Ermittlung der Linearen aus tautozonalen Flächen

Außer durch direkte und indirekte Messung lassen sich Lineare ferner konstruktiv aus tautozonalen Flächen ermitteln.

1. Bei der synoptischen Darstellung achsenflächenparallel geschieferter Gesteine ergibt sich δ von selbst als Pol des gemeinsamen Großkreises von Schichtpolen und s-Flächenpolen (π-Kreis) [Durchstichpunkt der Lotlinie (O—π und punktierte Strecke)]. Der so gewonnene π-Pol ist zugleich eine Kontrolle für bereits nach den anderen Methoden ermittelte und eingetragene b-parallele Geraden.

2. Zum gleichen Ergebnis führt die Einzeichnung der Flächengroßkreise wenigstens in der Nähe des vermutbaren Linearenpols.

Diese Schnittkantenkonstruktion wird selten benötigt und muß zur Ermittlung der Linearenwinkelwerte jeweils besonders durchgeführt werden.

Beide Methoden werden ungenau und nicht eindeutig, wenn die verwendbaren Flächen wenig voneinander verschiedene Raumlagen haben. Die Pole besetzen dann keinen ganzen Großkreis, und die Großkreise der Flächen schneiden sich unter zu spitzem Winkel.

Eine konstruktive Ermittlung wird unmöglich, wenn die zur Konstruktion erforderliche zweite Flächenschar nicht als meßbare Spalt- oder Ablösungsfläche, sondern nur „latent" ausgebildet ist. Intensiv gerunzelte Phyllite und phyllitische Schiefer des Bergaer und Schwarzburger Sattels z. B. brechen selten nach den entsprechenden Schubklüften. Um dieses ausgezeichnete lineare Element (β) zu erfassen, müssen die weiter oben genannten Verfahren angewandt werden.

Die drei Gruppen von Methoden sind nach dem Schwierigkeitsgrad bzw. Zeitaufwand der Messung und dem Anwendungsbereich angeordnet. An der Spitze steht die Ergänzungseinrichtung zur direkten und genauen Messung linearer Texturen.

1. Sie gestattet die Messung der außerordentlich wichtigen tektonischen Elemente der dritten Gruppe.
2. Ist das Streichen und Fallen einer linearentragenden Fläche nicht von Interesse, dann genügen zwei einfache Messungen zur genauen Festlegung einer Linearen.
3. Man muß die Linearen nicht im Zusammenhang mit der Fläche in das Geländebuch eintragen. Unübersichtliche Notizen schließen die Verwendung von Einzelmessungen nicht aus.
4. Die Eintragung in das Netz geschieht selbständig und unabhängig von der zugehörigen Fläche.
5. Die Messung ist genauer als das Einpeilen.

(Es braucht nicht besonders betont zu werden, daß die Achsen weitspanniger Verbiegungen auch nicht mit dieser Einrichtung, sondern nur konstruktiv, insbesondere durch die Zonenmethode, ermittelt werden können.)

Bei tektonischen Arbeiten in den phyllitischen Gesteinen des Bergaer und Schwarzburger Sattels hat sich die vorgeschlagene Apparatur wegen des Zeitgewinns und der vielseitigen Anwendbarkeit bewährt.

Das Lesen von Gefügediagrammen

Flächen werden durch die Flächennormale oder ihren Großkreis, Lineare mit Hilfe des Durchstichpunktes auf der Kugelhaube dargestellt. Da man konventionell die untere Halbkugel verwendet, erscheinen die Flächenpole 90° vom Streichen entfernt im gegenüberliegenden Quadranten, Lineare aber in dem Quadranten, in dessen Richtung sie einfallen.

Die Diagramme werden im allgemeinen ohne die Netzlinien der flächentreuen Projektion wiedergegeben. Zur Ermittlung des Streichens einer Linearen verlängert man deshalb die Verbindungslinie Projektionsmittelpunkt — Linearenpol bis zum Grundkreis des Netzes und liest dort den Azimut ab. Bei Flächennormalen legt man ein Winkeldreieck an und liest 90° entfernt ebenfalls am Rande das Streichen der Fläche ab.

Das Einschieben der Linearen bzw. die Zentrumsdistanzen der Flächennormalen sind zunächst nur abschätzbar. Genaue Angaben müssen nach der Formel

$$r = 2R \cdot \sin \delta/2$$

berechnet werden (s. auch SANDER 1948, S. 127). Für jeden neuen Diagrammhalbmesser müßte man alle Poldistanzen neu berechnen. Viele Diagramme haben ungünstige Größe, so daß Dezimalstellen die Rechenarbeit zusätzlich erschweren.

In den letzten Jahren wurden jedoch bestimmte regionale Einheiten (metamorphe Zonen, Ränder von Großsätteln und -mulden, Querzonen usw.) wiederholt von verschiedenen Bearbeitern dargestellt, so daß eine bequeme und genaue Lesbarkeit der Diagramme wünschenswert erscheinen dürfte. Zu diesem Zweck wurde ein Nomogramm für Diagrammdurchmesser bis 20 cm (Arbeitsnetz) angefertigt. An der linken Vertikalen sind die cm-Teilstriche abgetragen. Von diesen aus trifft man längs horizontaler Linien auf die äußerste Meßlinie für die Polhöhen und Poldistanzen. Da das Nomogramm in Rechteckform gezeichnet ist, verläuft die 0°- bzw. 90°-Linie flacher als 45° gegen die Abszisse, und die vertikalen Meßlinien haben deshalb einen größeren Abstand als 1 cm. Je nach Diagrammgröße kann man sich die Abstände unterteilen und neue Linien eintragen. Man liest nun — mit dem Zirkel vom Mittelpunkt des Diagramms aus (zentrifugal, Flächenpole) und vom Grundkreis des Netzes aus (zentripetal, Linearenpole) abgegriffene — Poldistanzen und Polhöhen an je einer der beiden gegenläufigen Skalen ab. Der Fallwinkel von Großkreisebenen muß entlang der Fallinie gemessen werden (zentripetal).

Besonders vom Lernenden kann das Nomogramm zum Nachprüfen und Nachzeichnen von Lehrbuchbeispielen mit Erfolg verwendet werden.

Eine weitere Anwendungsmöglichkeit des Nomogramms sieht Verf. in einer Normierung der Streich- und Fallzeichen.

Vielfach wird in der Literatur ein bestimmtes Intervall von Fallwerten (z. B. 30—45°) durch die Länge des Fallpfeiles angegeben. Vorwiegend gelten lange Pfeile für hohe Fallwerte, kurze für kleine. Denkt man sich das Streich- und Fallzeichen auf eine fast horizontale Fläche aufgezeichnet, dann wird der Fallpfeil bei zunehmender Kippung um die Streichlinie kürzer, und bei 90° erscheint er nur noch als Punkt. Fallpfeile für saigere Flächen werden deshalb auch oft beiderseitig angetragen. Bereits in den Erstkartierungen mancher sächsischer Sektionen ist darauf Rücksicht genommen worden. Damit ist zugleich die Beziehung zur Netzdarstellung unseres Beispiels gegeben: Die in die Halbkugel geschobene Großkreisebene der gemessenen Schicht trägt in ihrer Mitte und senkrecht zur Streichlinie die Fallinie, die auf der Großkreislinie durch die Kugelhaube stößt. Die Großkreise flacher Flächen liegen am Netzrand (die von horizontalen fallen sogar mit dem Grundkreis zusammen), die steiler Flächen nahe der Projektionsmitte. Der Fallpfeil der flachen ist lang (bei horizontalen gleich der Streichlinie!), der Fallpfeil der steilen ist kurz, und die Fallinie der saigeren wird als Punkt projiziert.

Es ist deshalb logisch, horizontale Ebenen durch ein Zeichen anzugeben, dessen Fallpfeil die gleiche Länge hat wie das Streichzeichen (s. erwähnte Karten). Bei horizontalen Flächen wird man das Streichzeichen mit der Lineation in b, das Fallzeichen mit der theoretischen (ac-)Richtung zur Deckung bringen.

Beginnt eine Fläche aus der Horizontalebene abzuweichen, dann verkürzt sich der Fallpfeil gegenüber der konstant bleibenden Streichlinie und wird außerdem „einseitig", da die Fläche nur noch als Halbkreisebene auf einer Lagenkugelseite zur Darstellung kommt (die andere Hälfte ragt aus der Bezugsebene des Netzes heraus!).

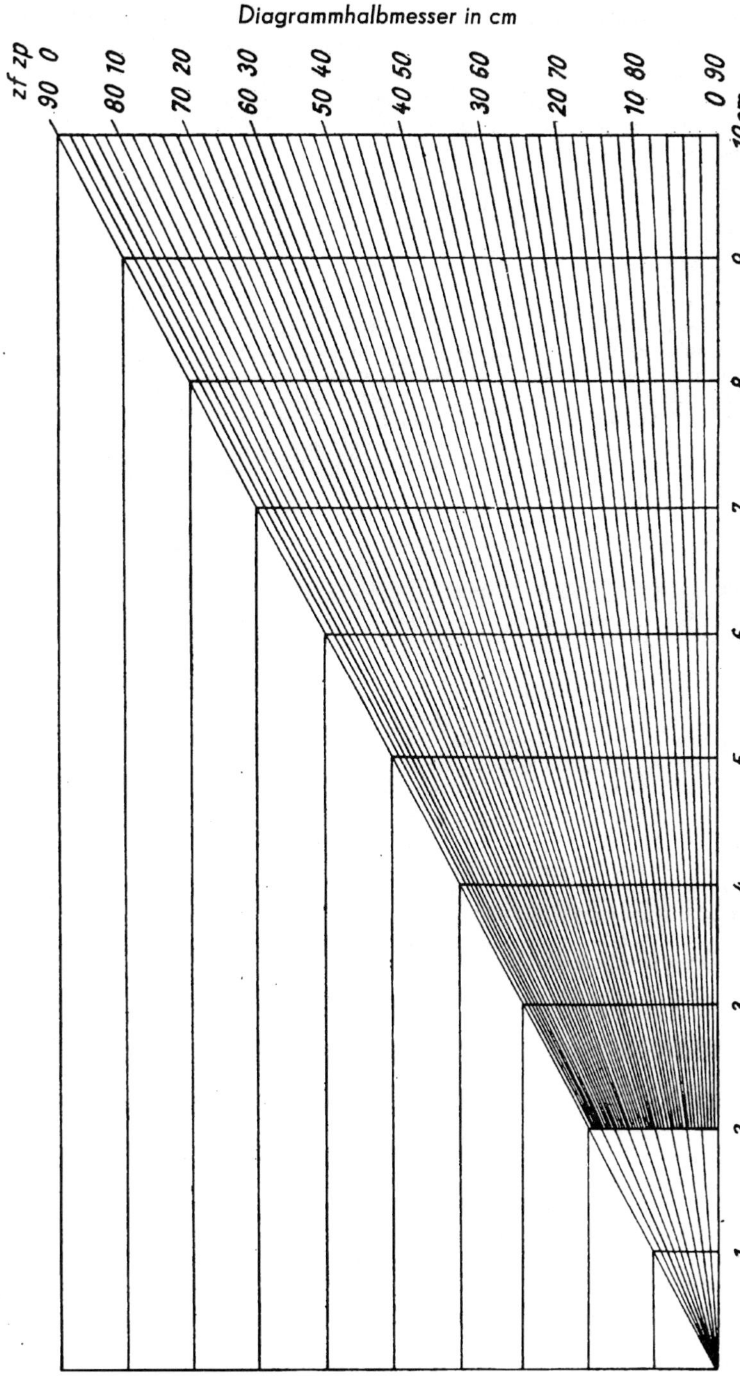

Abb 7. Strahlenbüschel zur Ermittlung der Zentrumsdistanzen (Normalenpole), Großkreisebenen-Fallwinkel und Fallwinkel von Linearen (Polhöhen) im Netz der LAMBERTschen Projektion (SCHMIDTsches Netz)

Einheitliche Längen von Fallpfeilen für bestimmte Gradintervalle kann man aus dem Strahlenbüschel der Abb. 7 ableiten: Setzt man eine einheitliche Streichlinienlänge von 1 cm voraus, dann erhält man für die sechs Intervalle: 1—15°, 15—30°, 30—45°, 45—60°, 60—75°, 75—89° die mittleren Werte: 4,1 mm, 3,8 mm, 3,1 mm, 2,8 mm, 1,4 mm, 0,5 mm.

Unter Bezugnahme auf das einheitliche Zeichen braucht dann in der Legende einer tektonischen Spezialaufnahme (Maßstab 5—25000) die Fallpfeillänge nicht besonders erläutert zu werden. Unabhängig davon werden natürlich mit Fallzahlen versehene Pfeile gleich lang belassen.

Lineare auf Flächen werden sehr häufig durch einen in der Mitte des Flächenzeichens ansetzenden Pfeil angegeben. Als Richtung verwendet man die Streichrichtung der Horizontalprojektion (s. o.) und als Fallwert (durch Ziffer ausgedrückt) den in der Vertikalebene gemessenen Winkel gegen die Horizontale (Einschieben, SALOMONscher Winkel, plunge). Da lineare Elemente ihre Fallwerte nur schwach ändern und meist die ausgezeichnete Richtung b repräsentieren (tektonisches Streichen), wird am besten der Fallwert immer durch eine Zahl an der Pfeilspitze angegeben, da bereits geringe Veränderungen oft wichtige Schlüsse auf den tektonischen Bau eines bestimmten Gebietes zulassen.

Zusammenfassung

Zur direkten Messung linearer tektonischer Elemente wird eine Ergänzungsvorrichtung für den Freiberger Geologenkompaß vorgeschlagen. Die Apparatur besteht aus einem um die Horizontale drehbaren rechteckigen Aluminiumsegment mit konzentrischem Skalenschlitz. Durch Parallelstellung der unteren Plattenkante mit einem linearen tektonischen Element kann dessen räumliche Orientierung (Streichen der Horizontalprojektion und Einschieben) in einem Arbeitsgang direkt und genau gemessen werden.

Ein Vergleich mit der Apparatur von INGERSON (1942) und dem zweikreisigen Kompaß CLARS (1954) oder dessen Abwandlung durch M. SCHWAB (1958) zeigt einige Vorteile des vorgeschlagenen Ergänzungsgeräts:

1. Die einfache Konstruktion gestattet eine bequeme und billige technische Ausführung.

2. Die Anbringung erfordert lediglich zwei Bohrungen durch die Kompaßgrundplatte des Freiberger Modells. Die Platte kann nach Belieben an- oder abgeschraubt werden.

3. Alle bereits in Verwendung befindlichen Freiberger Kompasse können damit leicht ergänzt und den heutigen Anforderungen der Linearenmessung angepaßt werden.

4. Es können Lineare in sämtlichen Lagen und an der Unterseite hangeinwärts fallender Flächen gemessen werden.

5. In Nischen liegende Lineare können mit der in der Vertikalebene drehbaren Platte noch erfaßt werden.

Der Vorteil aller Methoden zur direkten und genauen Messung Linearer wird durch eine Gegenüberstellung mit den indirekten Messungen und der konstruktiven Ermittlung besonders unterstrichen.

Резюме

Предлагается дополнительное устройство для Фрейбергского геологического компаса для непосредственного измерения линейных тектонических элементов. Этот прибор состоит из прямоугольного алюминиевого сегмента, вращающегося по горизонтали, с концентрической щелью шкалы. Ставя нижнее ребро плиты параллельно с одним линейным тектоническим элементом, можно в одном процессе прямо и точно измерять пространственную ориентировку последнего (простирание горизонтальной проекции и падение).

Сравнение с аппаратурой ИНГЕРСОНа (1942) и с двукружным компасом КЛАРа (1954) или с разновидностью его по М. ШВАБу (1958) обнаруживает некоторые преимущества предложенного дополнительного прибора:

1) Простая конструкция позволяет удобное и дешевое изготовление.

2) Прикрепление прибора требует лишь двух просверленных отверстий через основную плиту компаса Фрейбергской модели.
Плиту можно по желанию привинчивать и отвинчивать.

3) Все находящиеся уже в употреблении Фрейбергские компасы можно легко укомплектовать предложенным устройством и тем самым приспособить их к современным требованиям измерения линейных элементов.

4) Линейные элементы можно измерять во всех положениях и на нижней стороне впадающих вниз по склону плоскостей.

5) Линейные элементы, расположенные в углублениях, можно все-таки еще измерять вращающейся в вертикальной плоскости плитой.

Преимущество всех методов прямого и точного измерения линейных элементов особенно подчеркивается сопоставлением с косвенными измерениями и с конструктивным установлением тектонических элементов.

Summary

A complementary device for the Freiberg geologist's compass is proposed for a direct measurement of linear tectonic elements. It consists of a rectangular aluminium segment with concentric scale slot turning around the horizontal line. By adjusting the lower plate edge in parallel with a linear tectonic element, a direct and accurate measurement of its spatial orientation (trending of horizontal projection and plunge) is made possible in a single operation.

Advantages shown by a comparison of the proposed complementary device with the INGERSON apparatus (1942), CLAR's double-circle compass (1954) or its modification by M. SCHWAB (1958) are as follows:

1. The simple design enables a convenient and inexpensive technical execution.

2. Two holes through the base plate of the Freiberg compass are only required for the fixation. The plate can be screwed on or off at choice.

3. All Freiberg compasses already used can be easily complemented by the device and adapted to present-day requirements of linear measurement.

4. Linears in all positions and in areas dipping at the lower side towards the inside of a slope can be measured.

5. Linears situated in coves can still be covered with the plate turning in the vertical plane.

The advantage of all methods of direct and accurate linear measurement is emphasized by a comparison with indirect measurement and constructive determination.

Literatur

BRINKMANN, R.: Geleitwort. — Geol. Rundsch., **44**, 1—2 (1955).

CLAR, E.: Ein zweikreisiger Geologen- und Bergmannskompaß. — Verh. geol. Bundesanst. Wien, **4**, 201—215 (1954).

CLARK, R. H. & D. B. MC INTYRE: A Macroscopic Method of Fabric Analysis. — Amer. J., Sci. **249**, 755, 1951.

CLOOS, H.: Lineation. — Geol. Soc. America, Memoir, **18**, 122 S., 1946.

FAIRBAIRN, H. W.: Structural Petrology of Deformed Rocks. — 1949.

GAERTNER, H.-R. v.: Die geometrischen Beziehungen zwischen Schieferung und Faltenachsen. — Z. deutsch. geol. Ges., **104**, 69—93 (1953).

HAARMANN, E.: Über Beobachtung und Darstellung der Bewegungen an Verwerfungen. — Jb. Hall. Verb. Erforsch. mitteldt. Bodensch. etc., **11**, 237—247 (1932).

HÖFER, H.: Die Verwerfungen. — Braunschweig 1917.

INGERSON, E.: Apparatus for Direct Measurement of Linear Structures. — Amer. Min., **27**, S. 721—725 (1942).

INGERSON, E. & O. F. TUTTLE: A Graph for Determining Angle and Direction of Pitch of Lineations in the Field. — Amer. Min., **28**, S. 209—210 (1943).

KALTERHERBERG, K.: Über Anlagerungsgefüge in grobklastischen Sedimenten. — N. Jb. Geol Paläont., Abh., **104**, 30—57 (1956).

MONKOWSKI, T.: Vorrichtung zur Bestimmung des Streichrichtungswinkels von Gestein und zu Gefällsmessungen. — Patentschrift (Kaiserl. Patentamt), Nr. 103277, Kl. 42, 1898.

PHILLIPS, C.: The Use of Stereographic Projection in Structural Geology. — 1954.

RÜGER, L.: Einige Bemerkungen zur Darstellung tektonischer Elemente, insbesondere von Klüften und Harnischen. — Sitz.-Ber. Heidelb. Akad. Wiss., math.-naturwiss. Kl., **1**, 1—14 (1928).

SALOMON, W.: Die Bedeutung der Messung und Kartierung von gemeinen Klüften und Harnischen, mit besonderer Berücksichtigung des Rheintal-Grabens. — Z. deutsch. geol. Ges., **63**, 496—521 (1911).

SANDER, B.: Einführung in die Gefügekunde der geologischen Körper. — 1. Teil, 1948.

SCHWAB, M.: Zur Anwendung eines zweikreisigen Geologenkompasses bei tektonischen Aufnahmen. — Z. angew. Geol., **4**, 37—38 (1958).

Zeitschrift für angewandte Geologie (1961) Heft 5

Die Erfolge der Erdölindustrie in der Volksrepublik Polen

FELIKS MITURA, Kraków

Die polnische Erdölindustrie befand sich nach Beendigung des zweiten Weltkrieges in einer katastrophalen Lage. Infolge der während des Krieges geführten Raubwirtschaft waren die Öl- und Gasfelder sowie die Maschinen, Anlagen und Bestände der Förderbetriebe gänzlich zerstört.

Wenn unter solchen Verhältnissen die Erdölindustrie in der verhältnismäßig kurzen Zeit seit Kriegsende völlig wiederaufgebaut werden konnte, so ist das auf die in der Volksrepublik Polen stattgefundenen gesellschaftlich-politischen Umwandlungen zurückzuführen und ein großes Verdienst der in der polnischen Erdölindustrie arbeitenden Menschen. Dabei spielte natürlich die schnelle und brüderliche Hilfe der Sowjetunion, die Maschinen und Anlagen lieferte, so daß die Förderbetriebe ihre Arbeit schnell wiederaufnehmen konnten, eine wichtige Rolle.

Einen großen Anteil an den Erfolgen der Erdölindustrie während der vergangenen 15 Jahre hat das am 30. November 1944 gegründete Erdölinstitut. Im folgenden soll eine Übersicht über die von diesem Institut und überhaupt in der Erdölindustrie in den Jahren von 1945—1959 geleistete Arbeit gegeben werden.

I. Die Prospektion auf Erdöl

A) Geologie

Nach der Befreiung im Jahre 1945 wurden die ersten Jahre zur Beseitigung der Kriegsschäden an den Lagerstätten und Förder- und Bohranlagen verwendet. Die durch die kapitalistischen Besitzverhältnisse hervorgerufene Zerstückelung der Erdölindustrie wurde durch Vereinigung aller Betriebe beseitigt.

Bis zum Jahre 1950, d. h. vor dem Sechsjahrplan, wurden in den Karpaten keine größeren Erkundungsarbeiten auf Erdöl und Erdgas durchgeführt. Bohrungen wurden nur in der Umgebung der bekannten und produktiven Ölfelder niedergebracht.

In den Jahren von 1950—1955 wurden die Untersuchungs- und Erkundungsarbeiten hauptsächlich auf die Karpaten und das Karpatenvorland konzentriert. Die in Mittel- und Nordpolen durchgeführte Erkundung brachte keine positiven Ergebnisse, da infolge mangelnder geophysikalischer Voruntersuchungen das Bohrprogramm nicht richtig anlaufen konnte.

Erst im Jahre 1956, als der Erdölindustrie zehn seismische Meßapparaturen — Ende des Jahres waren es schon zwanzig — zur Verfügung gestellt wurden, trat in dieser Hinsicht eine Besserung ein. Nun wurden im Karpatenvorland sowie in Mittel- und Nordpolen verstärkt seismische Untersuchungen durchgeführt.

Das Ziel der in dem seit vielen Jahren bekannten und ausgebeuteten Erdölgebiet der Karpaten durchgeführten Erkundungsarbeiten auf sog. „flaches Erdöl“ war die Erhaltung bzw. eine evtl. Erhöhung der Erdölförderung. Eine gewisse Zunahme der Vorräte wurde auf den neu entdeckten Strukturen Osobnica, Łodyna, Mrukowa und Folusz erzielt. Durch neue und bis in größere Teufen niedergebrachte Bohrungen konnte ebenfalls eine Zunahme der bekannten Erdölvorräte auf den alten Strukturen, wie Wielopole, Węglówka, Bóbrka und Iwonicz und der bekannten Gasvorräte in Strachocina-Zabłotce, erreicht werden.

Im Karpatengebiet konnte bisher noch kein „tiefes Erdöl“ erkundet werden, obwohl die Möglichkeit des Fündigwerdens auf tiefliegenden Faltenstrukturen besteht. Vorerst müssen noch weitere geophysikalische Spezialerkundungen durchgeführt werden.

Die Grundlage für die Prospektionsarbeiten im Karpatenvorland bildeten die reichen, in den tortonischen Schichten der östlichen Vorkarpaten vorkommenden Gashorizonte sowie die in den vor dem letzten Weltkrieg niedergebrachten Bohrungen angetroffenen Spuren im Vorland der Mittel- und Westkarpaten. In der ersten Zeit nach 1945 stützten sich die Bohr- und Erkundungsarbeiten auf die regionalen Erkenntnisse über den Bau der tortonischen Schichten.

Die bis 1955, d. h. im ersten und zweiten Arbeitsabschnitt, im Überschiebungsgebiet der Westkarpaten (Dębowiec, Skoczów und Marklowice) durchgeführten Erkundungsbohrungen brachten eine Vergrößerung an Gasvorräten. Die Erkundungsbohrungen im Bereich der tortonischen Falten vor der Karpatenüberschiebung ergeben bei Bochnia-Gdów und Mielec jedoch nur eine geringe Zunahme.

Im dritten Arbeitsabschnitt von 1955—1959 wurden folgende Gaslagerstätten entdeckt: Niwiska, Lubaczów, Trześnik, Swarzów, Cetynia und Uszkowce. Außerdem wurde im Karpatenvorland bei Mielec die Bohrung Partynia erdölproduktiv. Die Erkundung im polnischen Flachlande beschränkte sich hauptsächlich auf die Untersuchung des lithologisch-stratigraphischen Profils sowie des geologischen Baus mittels Bohrungen und geophysikalischer Spezialuntersuchungen (vor allem

Abb. 1. Die geologischen Strukturen der Volksrepublik Polen (nach W. POŻARYSKI 1956)

a — paläozoische und ältere Strukturen, b — mesozoische Strukturen, c — känozoische Strukturen, d — 1956 seismisch untersuchte Gebiete, e — 1957 seismisch untersuchte Gebiete, f — 1958 seismisch untersuchte Gebiete, g — nach 1945 entdeckte Erdölfelder, h — nach 1945 entdeckte Gasfelder

1 — Baltischer Schild, 2 — Peribaltische Depression, 3 — Masurische Erhebung, 4 — Depression von Białystok, 5 — Erhebung von Podlasie, 6 — Bug-Depression, 7 — Święty-Krzyż-Gebirge, 8 — Oberschlesisches Becken, 9 — Sudeten, 10 — Subsudetische Monoklinale, 11 — Senke von Łódź, 12 — Kujawisch-pommerscher Wall, 13 — Randsynklinale, 14 — Subkarpatischer Abbruch, 15 — Karpaten

seismischer Untersuchungen). Dabei tauchten einige neue Probleme auf:

1. Zechstein und Salzstöcke,
2. der Bau der Łódź—Szczeciner Senke,
3. der Bau des nordöstlich des kujawisch—pommerschen Walls und des Święty-Krzyż-Gebirges liegenden Gebietes.

Die Bohrungen Ostrzeszów (Schildberg), Wschowa (Fraustadt), Świdwin (Schivelbein) 1 und 2, die Gruppe der Strukturbohrungen „Lubień" bei Kłodawa und die bei den Aufschlüssen Kłodawa und Inowrocław (Hohensalza) gewonnenen Erkenntnisse halfen bei der Klärung des ersten Problems.

Im ganzen Gebiet traten Erdöl, Salzsolen und schwefelwasserstoffhaltige Wässer, die vor allem mit dem Hauptdolomit und auch mit dem Basalanhydrit des Zechsteins in Beziehung stehen, auf.

In der Łódź—Szczeciner Senke wurden die Strukturen von Gopło, Mogilno, Turek, Szamotuły (Samter) und Drawno durch seismische Untersuchungen entdeckt und durch Bohrungen erkundet. Durch Bohrungen auf der jurassischen Struktur Chelm bei Radomsk konnte in südöstlicher Verlängerung der Senke die Stratigraphie des Mesozoikums geklärt werden.

Da das nordöstlich vom kujawisch—pommerschen Wall und dem Święty-Krzyż-Gebirge liegende Gebiet später intensiver erkundet werden sollte, untersuchte man zunächst nur mit Hilfe von Gravimetrie, Magnetik, Seismik und Basisbohrungen den lithologisch-stratigraphischen Aufbau und das Hangende des kristallinen Untergrundes.

Das Ergebnis der durchgeführten Erkundungsarbeiten wird durch folgende zwei Indizes am besten veranschaulicht:

a) die Zunahme an bekannten Erdöl- und Gasvorräten je Bohrmeter der Erkundungsbohrungen,

b) die Kosten für die Zunahme pro t Vorräte.

Für die Zeit von 1950 bis 1958 betrug der Index für die Zunahme von Erdöl und Gas (1000 m³ Gas = 1 t Erdöl) je Bohrmeter:

für das Karpatengebiet	19 t
für das Karpatenvorland	25 t
Mittlerer Index für ganz Polen:	17,6 t/Bohrmeter
davon bei Erdöl	5,2 t/Bohrmeter
davon bei Erdgas	51 000 m³/Bohrmeter

Die Prospektionskosten je t liegen bei 245 Zloty.

Die Arbeiten des Erdölinstituts bilden ein Bindeglied zwischen dem Grundlagenforschung betreibenden Geologischen Institut und der die speziellen Erkundungsarbeiten durchführenden Erdölindustrie. Das vom Geologischen Intitut ausgearbeitete Grundlagenmaterial wird durch die auf Erdölerkundung ausgerichteten Arbeiten des Erdölinstituts — spezielle Untersuchungen des geologischen Baus und der Möglichkeiten einer Erdölmigration sowie auf die Genese der Erdöl- und Erdgaslagerstätten — ergänzt. Bisher erforschten die Mitarbeiter des Erdölinstituts die Perspektiven der Erdölführung von Struktureinheiten der Karpaten und ihres Vorlandes, des großpolnischen (Posener) Beckens und des polnisch-litauischen Beckens und gaben diejenigen Gebiete an, auf die die Erdölerkundung konzentriert werden sollte.

In den Karpaten und ihrem Vorland wurden besonders für die Gebiete Krościenko Wyżne, Gorlice, Skalnik, Węglówka, Bochnia-Gdów, Bużko-Połaniec und im polnischen Flachland für die Gebiete von Inowrocław (Hohensalza), Brześć Kujawski, Koszalin (Köslin), Chojnice (Konitz), Radomsko und Wieluń die Perspektiven der Erdölführung festgestellt.

B) Geochemie

Das Erdölinstitut ist die erste Anstalt in der Volksrepublik Polen, die sich mit geochemischen Problemen des Erdöls befaßt und diesbezügliche neue, bisher nicht angewandte Untersuchungsverfahren eingeführt hat. So wurden einige analytische Verfahren zur Untersuchung von Bohrkernen, Verfahren für die Schnellanalyse von Erdgas sowie Analysatoren für die Analyse der Spurengehalte der Kohlenwasserstoffe bzw. anderer Gase in der Luft entwickelt.

Das Erdölinstitut hat weiterhin für die Industrie eine Methodik für geochemische Komplexaufnahmen zur Erkundung der Erdöl- und Gaslagerstätten ausgearbeitet. Auch für diesen Zweck wurde eine Apparatur entwickelt.

Um die Korrelation der Erdölhorizonte zu ermöglichen, wurde (erstmalig in der Volksrepublik Polen) im Erdölinstitut die spektrochemische Bestimmung der qualitativen Zusammensetzung der Spurenelemente in den Erdölaschen nebst einer methodischen Interpretation der Ergebnisse durchgeführt.

Das Erdölinstitut hat als erstes Institut in der Volksrepublik Polen neue physikalische und physikalisch-chemische Verfahren für petrographische Untersuchungen, z. B. die thermische Differentialanalyse (für die eine Meßapparatur entwickelt wurde), die Röntgenstrukturanalyse bei Tonmineralien u. a., angewandt. Die obengenannten analytischen Verfahren und geochemischen Untersuchungsmethoden ermöglichten die versuchsweise in verschiedenen Gebieten durchgeführte geochemische Komplexbearbeitung, deren Ergebnisse bei der Ausarbeitung der Perspektiven der Erdölführung mit ausgewertet wurden.

Außerdem werden auf Grund der durchgeführten Untersuchungen Fragen zur Genese und Migration des Erdöls in den Karpaten sowie der Unteren Kreide im Gebiet Grabownica, Strachocina und Węglówka bearbeitet, um die weitere Richtung für die Erkundungsarbeiten auf Erdöl in den Karpaten festzulegen.

Die mikrobiologischen Untersuchungen bilden einen besonderen Zweig der Arbeiten des Erdölinstituts. Zwei Probleme verdienen, dabei erwähnt zu werden:

a) Die Mikrobiologie als Hilfsfaktor bei den geochemischen Oberflächenaufnahmen. Auf den hierbei gewonnenen wissenschaftlichen Ergebnissen bauen die übrigen geochemischen Arbeiten auf.

b) Die Anwendung mikrobiologischer Verfahren zwecks Reinigung (von Phenol und Kresol) der Raffinerieabwässer.

Die Ergebnisse dieser im halbtechnischen Maßstab durchgeführten Arbeiten gestatteten den Entwurf für eine Reinigungsanlage von Abwässern in der Raffinerie Czechowice.

C) Geophysik

Bei der Erkundung von Erdöl-/Erdgaslagerstätten werden gegenwärtig die neuesten geophysikalischen Verfahren angewandt, deren Ergebnisse die Bewertung der Perspektiven der untersuchten Gebiete erheblich erleichtern werden. Auf ihrer Grundlage wird die Prospektion ausgearbeitet.

Der die Jahre 1945—1955 umfassende Zeitabschnitt zeichnet sich in der Volksrepublik Polen durch eine verhältnismäßig geringe Intensität der geophysikalischen Arbeiten aus. Erst im Jahre 1956, nach der Gründung des Staatlichen Betriebes für Geophysik und dem Ankauf entsprechender Geräte setzte eine schnelle Entwicklung der Erdölgeophysik ein. In den Jahren von 1956 bis 1958 wurden schon über 10000 km seismischer Profile geschossen.

Die Erdölgeophysik gliedert sich in zwei Abteilungen: Prospektionsgeophysik und Bohrlochgeophysik.

Die grundlegende Methode für die geophysikalische Prospektion der Erdölindustrie ist das seismische Verfahren. Die Realisierung der Aufgaben auf diesem Gebiet verläuft immer erfolgreicher. Seit 1956 wurden in der Erdölseismik, parallel zu den Regionaluntersuchungen, spezielle Untersuchungen der komplizierten Strukturen vorgenommen. In folgenden Gebieten wurden seismische Untersuchungen durchgeführt:

1) im Karpatenvorland in den Gebieten von Lubaczów, Mielec, Dębica und Dąbrowa Tarnowska;
2) in der subsudetischen Monoklinale, die die Gebiete von Głogów (Glogau) Wschowa (Fraustadt), Ostrzeszów (Schildberg) und Leszno (Lissa) umfaßt;
3) in der Łódź—Szczeciner Senke mit den Gebieten Gopło, Turek und Mogilno;
4) im kujawisch—pommerschen Wall;
5) in der Randsenke und auf der osteuropäischen Tafel.

Die Unterabteilung Prospektionsgeophysik der Erdölindustrie umfaßt 12 Geländetrupps, die über 20 Geräteausrüstungen verfügen.

Die Unterabteilung Bohrlochgeophysik führt folgende Arbeiten durch: elektrische Bohrlochmessungen; Gammamessungen; Neutron-Gamma-Messungen; seitliche Bohrlochsondierung; Mikrologmessungen; Spülungsgasmessungen; Untersuchungen mit dem Kalibermesser, Inklinometer, Resistivimeter und Thermometer sowie Perforation.

Diese Messungen dienen entweder zur Bestimmung der geologischen Profile, der Korrelation und der Bewertung der Gas- und Erdölführung in den durchteuften Horizonten oder zur Kontrolle des technischen Zustandes der Bohrlöcher.

Die Arbeit des Erdölinstituts auf dem Gebiet der Geophysik konzentriert sich auf elektrische und radiometrische Verfahren und die Interpretation der dabei gewonnenen Meßergebnisse sowie auf die Entwicklung von Spezialapparaten. Als Ergebnis der Arbeiten des Erdölinstituts wurden in der polnischen Erdölindustrie erstmalig radioaktive Isotope zur Kontrolle beim Wasserfluten, bei der hydraulischen Rißbildung in erdölführenden Schichten sowie bei der Messung des Flüssigkeitsniveaus in Behältern angewandt.

Außerdem wurden Apparaturen und Verfahren zur radioaktiven Vermessung von Bohrlöchern sowie für Gammastrahlenmessungen an der Oberfläche entwickelt und unter anderem neue Apparaturen zur automatischen Registrierung des Methangehalts in der Bohrspülung, p_H-Meter, Methanmeßgeräte für den Bergbau, elektrische Explosimeter und Echomeßgeräte mit Batterieantrieb hergestellt.

Auch auf dem Gebiet der elektrischen Meßverfahren, die bei der Erdölprospektion angewandt werden, wurde gearbeitet.

II. Der technische Fortschritt in der Erdölindustrie

Im Jahre 1945 waren 44 Bohranlagen in Betrieb. 90% dieser Anlagen waren für das Schlagbohren mit Dampfbetrieb eingerichtet. Die fünf vorhandenen Rotarybohranlagen schweren Typs befanden sich in einem schlechten Zustand und waren ebenfalls schon veraltet.

Die der Erdölindustrie gesteckten Ziele machten eine erhebliche Steigerung der Bohrmeterzahl erforderlich. Da hauptsächlich die Gebiete mit flachliegenden Ölhorizonten erkundet werden sollten, wobei die Anwendung von Schlagbohranlagen schweren Typs unzweckmäßig war, wurde auf Anregung des Erdölinstituts ein Wettbewerb für die Herstellung leichter Anlagen für das Schlagbohrverfahren ausgeschrieben. Als Ergebnis dieses Wettbewerbs wurde 1949 die Anlage SM—4 und 1950 die Anlage SMFM gebaut.

Diese Anlagen erfüllten von 1945—1955 vollkommen ihren Zweck und bedeuteten einen großen Schritt vorwärts. Die durch den Sechsjahrplan gestellten Aufgaben verlangten aber erheblich schnellere Bohrverfahren, d. h. das Rotarybohren. Für diesen Zweck wurden Bohranlagen aus der UdSSR und aus Österreich eingeführt.

Im Jahre 1952 erschien der Prototyp der ersten gänzlich in der Volksrepublik Polen hergestellten Anlage für Rotarybohren, JL—35 Rudno, die für Bohrungen bis zu 1500 m Teufe vorgesehen ist. Bis zum Jahre 1958 haben die Rotarybohranlagen JL—7, OS—1500, OP—800, OP—650 das Bohrmaschinen- und Gerätewerk

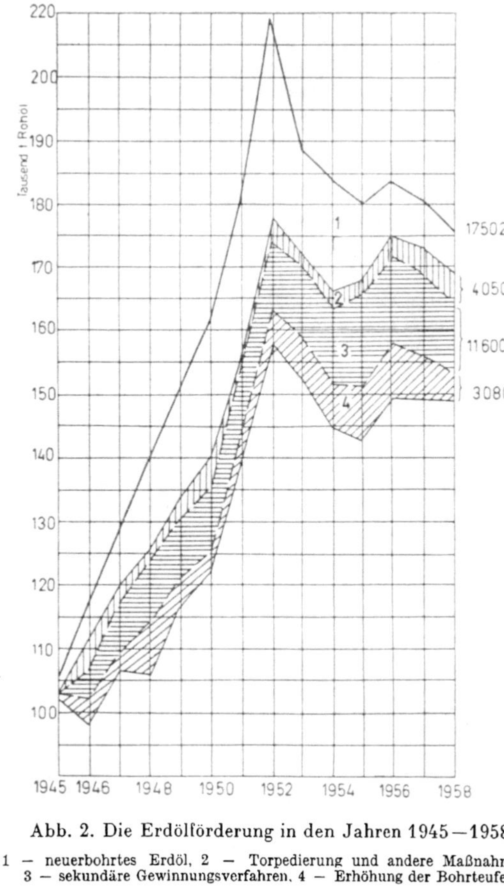

Abb. 2. Die Erdölförderung in den Jahren 1945—1958

1 — neuerbohrtes Erdöl, 2 — Torpedierung und andere Maßnahmen, 3 — sekundäre Gewinnungsverfahren, 4 — Erhöhung der Bohrteufen

verlassen. Gegenwärtig befindet sich die Anlage WOS—1200 im Bau. Außerdem wurden die Schlagbohranlagen SMFM, UP—200 und JL hergestellt. Einige dieser Bohranlagen wurden auch exportiert.

Durch die Einführung des Rotarybohrens (im Jahre 1958 wurden etwa 85% der Bohrmeter durch das Rotarybohrverfahren abgebohrt) mußte mit der Herstellung von Bohrmeißeln für das Rotarybohren begonnen werden. Die Produktion der Bohrmeißel wurde im Jahre 1953 ebenfalls vom Bohrmaschinen- und Gerätewerk sowie von dem neugegründeten Werk für Bohrgerätebau in Kraków übernommen. Beide Werke sind gegenwärtig in der Lage, den Bedarf der Erdöl- und Kohlenindustrie an Bohrmeißeln fast gänzlich zu decken. Der Bedarf an Kernapparaten und Bohrkronen wird ebenfalls durch die heimische Produktion gedeckt.

Das Turbobohren wirft im Hinblick auf die Verhältnisse in der Volksrepublik Polen neue Probleme auf. Zur Modernisierung des Bohrwesens und im Hinblick auf die sehr günstigen technisch-ökonomischen Kennziffern wird die Industrie das Turbobohren aber überall dort, wo es zweckmäßig ist, einführen.

Mit den Bohrungen ist eng die Frage der Bohrspülung verbunden. Die Eigenschaften der bei den Rotarybohrungen meistens verwendeten heimischen Spülungen entsprachen nicht den Anforderungen der Technik. Von 1950 bis 1958 wurden von Mitarbeitern des Erdölinstituts einige Spezialspülungen für Bohrungen unter den verschiedensten Verhältnissen zusammengestellt. Die Erfolge auf diesem Gebiet sind denen unserer Nachbarn gleichzusetzen.

Mit der Einführung neuer Bohrverfahren sowie neuer Anlagen, Bohrer und der dazugehörigen Technik haben sich die Bohrindizes, ausgedrückt in Bohrmetern je Anlage und Monat, ständig verändert. Im Jahre 1945 betrug dieser Index ungefähr 30 m, 1957 dagegen 187,5 m und 1958 für Rotarybohren 210,7 m und für das Schlagbohren 110 m.

Für rationelles Bohren ist auch die Frage der Zementierung der Bohrlöcher wichtig. In den vergangenen 15 Jahren hat das Erdölinstitut entsprechende, für die Zementierung von Bohrlöchern geeignete Zementsorten ermittelt und einige Rezepturen für die Herstellung entsprechender Zementmischungen, die zur Zementierung von Bohrlöchern bei den verschiedensten Bohr- und geologischen Verhältnissen angewandt werden, ausgearbeitet. Außerdem wurden Zuschläge für die Beschleunigung oder Verzögerung der Abbindezeit bei Zementen sowie eine Zementmischung, die zur Zementierung von Bohrlöchern in Salzlagern geeignet ist, ausprobiert.

Der technische Fortschritt auf dem Gebiet der Ausbeutung von Erdöl- und Gashorizonten sowie die Erdöl- und Erdgasförderung in den Jahren von 1945 bis 1958 sind in der Tab. dargestellt.

Aus der Tab. ist ersichtlich, daß die Gesamtförderung an Erdöl im Jahre 1958 im Verhältnis zum Jahre 1945 um etwa 66% gestiegen ist. Zu dieser Steigerung haben auch die in größerem Maße angewandten Verfahren zur Erhöhung des Lagerstättendrucks durch Luft- und Gaseinpressung in die Lagerstätte beigetragen. 1944 wurde die Erhöhung des Lagerstättendrucks nur versuchsweise auf drei Ölfeldern, 1958 dagegen auf 21 Ölfeldern angewandt. Der durch diese Behandlung im Jahre 1958 erzielte Überschuß ist höher als das durch neue Bohrungen gewonnene Erdöl. Auf zwei Ölfeldern erzielte man die Erhöhung des Lagerstättendrucks durch Einpressen von Wasser.

Außerdem wurden die schon vor 1944 bekannte und angewandte Torpedierung im erweiterten Maße eingeführt und solche Verfahren wie das Aufheizen der Sonden mit elektrischen Heizgeräten oder mit Dampf, die Behandlung der Bohrlöcher mit oberflächenaktiven Agenzien sowie hydraulische Rißbildung (Frac) angewandt. Das vom Erdölinstitut ausgearbeitete Verfahren der hydraulischen Rißbildung bringt bei der Erdölgewinnung erhebliche Überschüsse.

Ein wesentlicher Fortschritt bei der Ausbeutung der Erdöl- und Erdgashorizonte war die Einführung von Messungen der Lagerstättenparameter. Die dazu vom Erdölinstitut entwickelte Apparatur gestattet, die energetischen Verhältnisse der auszubeutenden Horizonte zu untersuchen und solche Förderbedingungen festzusetzen, die den Sandstein in möglichst hohem Grade entölen.

Bei den Erdölförderanlagen wurden Tiefenpumpen eigener Produktion sowie Anlagen zum individuellen Pumpen, die im Bohrmaschinen- und Gerätewerk (FM u. SW) in Glinik Mariampolski konstruiert und hergestellt worden sind, in Betrieb genommen. Dieses Werk produzierte ebenfalls die Sondenbehandlungsgeräte.

Die Erdgasgewinnung aus den Gasfeldern, die im Jahre 1944 113885000 Nm³ betrug, stieg 1958 auf 341775000 Nm³. Diese höhere Produktion wurde nicht nur durch weiteres Abbohren von Gasfeldern, sondern auch durch die Einführung wissenschaftlicher Methoden bei der Gasgewinnung erzielt. Durch eine enge Zusammenarbeit des Erdölinstituts mit der Industrie war die Speicherung der Sommerüberschüsse an Gas in einem natürlichen unterirdischen Speicher, der einen fast erschöpften Gashorizont darstellt, möglich. Auf diese Weise können die Bedarfsspitzen gedeckt werden, ohne daß dabei die zulässige Gasentnahme aus den Bohrlöchern des Gasfeldes überschritten wird, was sich für den Gashorizont selbst destruktiv auswirken könnte.

Auch bei der Entwicklung der Kreislaufverfahren, bei dem die Verluste an leichten Kohlenwasserstoffen herabgesetzt werden, waren Mitarbeiter des Erdölinstituts beteiligt. In diesem Zusammenhang führte die Erdölförderindustrie die Stabilisierung des Erdöls ein, wodurch die Verluste an leichten Fraktionen um 3—5% verringert wurden.

Zur Leistungssteigerung beim Transport von paraffinhaltigem Erdöl wurden am Erdölinstitut Untersuchun-

Tabelle

Bezeichnung	1945		1958	
	Tonnen	%	Tonnen	%
Erdöl aus alten Lagerstätten ohne Behandlungen	101831	96,5	148752	85,00
Überschuß durch Tiefenerweiterung und bessere Fördersysteme	582	0,56	3079	1,76
Erhöhung des Lagerstättendrucks	430	0,42	10369	5,91
Torpedierung	—	—	1159	0,66
Andere Behandlungsverfahren	—	—	2891	1,65
Wasserfluten	—	—	1239	0,71
Insgesamt altes Erdöl bisher	102843	97,48	167489	95,69
Neues Erdöl aus neuen Lagerstätten	2659	2,52	7535	4,31
Gesamte Förderung	105502	100,00	175024	100,00

gen über den Einfluß der thermischen Behandlung (Erhitzung des Erdöls) auf die Veränderung des Erstarrungspunktes und der Viskosität des Erdöls durchgeführt, so daß die Verstopfungen der Ölleitungen durch Paraffinabsätze vermieden werden konnten.

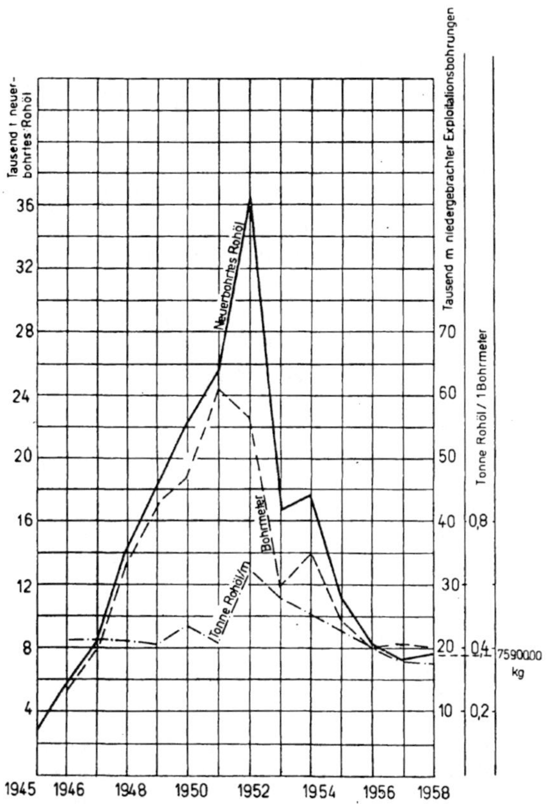

Abb. 3. Die Gewinnung von in dem entsprechenden Jahr neuerbohrten Erdöl

Das Erdölinstitut konnte auf Grund von zahlreichen Analysen der Untergrundwässer die Charakteristik derselben in den einzelnen Gebieten bestimmen, wodurch die Korrelation der geologischen Horizonte erleichtert wird. Der Wasserabschluß während des Bohrens wurde durch Färbung des Wassers geprüft.

Bei der Anwendung sekundärer Förderverfahren wurde im Zusammenhang mit dem Fluten des Feldes Turaszówka ein Verfahren zur chemischen Aufbereitung des zum Einpressen vorgesehenen Wassers ausgearbeitet. Infolge der geringen Durchlässigkeit unserer Ölhorizonte kann durch das richtig aufbereitete Wasser die Zahl der zu säubernden Injektionsbohrungen verringert werden.

Da bei den Untersuchungen von Untergrundwässern auf den Erdöl- und Gasfeldern in einigen Gebieten das Vorhandensein relativ hoher Jodgehalte (besonders in Dębowiec Śląski) festgestellt wurde, wurde ein industrielles Gewinnungsverfahren für Jod aus den Tiefensolen ausgearbeitet. Weiterhin entwickelte man am Erdölinstitut die Rezeptur für einen Terpentin-Phenol-Emulgator, mit dem man erfolgreich stabile Erdöl-Wasser-Emulsionen trennen kann.

In zahlreichen Gasolinanlagen wird Gasolin aus den Begleitgasen und aus dem Erdgas abgeschieden. Die Gasolinerzeugung ist bedeutend angestiegen. Durch Verwendung von in der Volksrepublik Polen hergestellter Aktivkohle beim Entgasolinisierungsvorgang wurde die Wirtschaftlichkeit der Gasolinerzeugung erhöht.

In der Industrie verwendet man in steigendem Maße zur Erdgastrocknung unter hohem Druck im Erdölinstitut entwickelte feste Adsorbenten. Durch Anwendung dieser Mittel wird der Feuchtigkeitsgehalt des Gases verringert, wodurch eine leistungsfähige Arbeit der Expansionsgefäße erreicht und der Hydratbildung während des Transportes vorgebeugt wird.

Auch an der Entwicklung eines Entschwefelungsverfahrens, das den Verhältnissen der polnischen Industrie angepaßt werden soll, sind die Mitarbeiter des Erdölinstituts beteiligt. Weiterhin erfolgte die Ausarbeitung einiger analytischer Verfahren, die bei der Bestimmung geringer Gehalte mancher Komponenten (z. B. Bestimmung kritischer Verhältnisse bei der Paraffinausfällung im Erdöl unter Lagerstättenbedingungen, Jod- und Brombestimmung in Wässern, Bestimmung von Schwefelwasserstoff und organischen Schwefelverbindungen, Sauerstoff und Kohlendioxyd im Erdgas) angewandt werden. Im Zusammenhang damit wurden einige neue Apparate konstruiert, z. B. ein Paraffinoskop, ein Gerät zur CO_2-Bestimmung, zur Bestimmung des Taupunktes, zur Bestimmung von organischem Schwefel und Schwefelwasserstoff im Erdgas.

Die im Maschinen- und Gerätebau erreichten Erfolge der Erdölindustrie sollen im folgenden dargelegt werden:

1. Entwicklung und Herstellung von Schlagbohranlagen SMFM (SM—4) sowie einiger Typen Rotaryanlagen: JL—35, JL—7, OS—1500, OP—800, OP—650, OP—1200.
2. Beherrschung der Technologie bei der Produktion von Spülpumpen $7^1/_4'' \times 16''$, $6'' \times 10''$, $4^1/_2'' \times 5''$.
3. Entwicklung und serienmäßige Erzeugung von Bohrern, Bohrkronen, Schwerstangen, federnden Ketten und Gewölbeankern.
4. Entwicklung und Produktion von Bohrtürmen und Masten für Bohr- und Förderzwecke.
5. Entwicklung und Produktion von Förderaufzügen des Types WE—800 und anderer. Diese wurde durch den Ausbau des Bohrmaschinen- und Gerätewerkes in Glinik sowie durch Neugründung des heutigen Bohrgerätewerkes in Kraków möglich.
6. Entwicklung und Produktion von Tiefpumpen zum Auspumpen der Bohrlöcher sowie die Festlegung der Untersuchungsmethodik für diese Pumpen.
7. Die Entwicklung und Herstellung von in größeren Teufen anwendbaren Meßgeräten, z. B. Druckmessern, Probenahmegeräten, Thermometern u. a. für Messungen an der Bohrlochsohle und Druckmessungen bei Erdöl- und Gasbohrungen.
8. Einführung einer neuen Perforationsmethode für Bohrungen durch Anwendung am Erdölinstitut entwickelter geschoßloser Perforatoren.
9. Einführung von Schutzüberzügen des Ankergewindes gegen Verschleiß nach einem am Erdölinstitut entwickelten Verfahren.
10. Technologie zum Anwärmen der Anker mit den Spülrohren.
11. Vom Erdölinstitut entwickelte elektrische Heizöfen zum Anwärmen der Bohrlöcher und ihre Verwendung im Erdölförderwesen.
12. Entwicklung eines wirtschaftlichen Gasheiz- und Kochgerätes sowie von Gasöfen für die Industrie.
13. Entwicklung und Einführung von Trenngeräten zur Trennung von Sand und Gas bei Ölbohrungen nach einem Entwurf des Erdölinstituts.
14. Bereinigung der Energiewirtschaft der Erdölindustrie durch weitgehende Elektrifizierung, die gänzliche Ausschaltung des Dampfantriebes, die Anwendung moderner Kompressormotoren usw.
15. Schaffung einer Basis zur Reparatur von Bohrmaschinen und -anlagen, heute ausgebaut zum Ausbesserungswerk für Bohrmaschinen in Krosno.

16. Einführung moderner Transportmittel zum Transport schwerer Maschinen und Bohranlagen und teilweise mechanisierter Aus- und Beladungseinrichtungen.
17. Bau einer Station für das Eichen von Gewichtsanzeigern für Rotarybohrungen.
18. Einrichtung von Rohr- und Werkzeuglagern in Libusza und Piła, die mit dem für die Kontrolle und Verbesserung der Bestandteile der Bohrkolonne erforderlichen Material ausgestattet sind.
19. Einrichtung der zum Erdölinstitut gehörenden Maschinenanlagen mit Laboratoriumsausstattung zur Lösung der im Bereich der Maschinenanlagen und des Gerätebaus, der Energiewirtschaft und der Automatisation in der Erdölindustrie auftretenden Probleme.

Zusammenfassung

Verf. gibt eine Übersicht über die Entwicklung der Erdölgeologie und der Erdölindustrie seit 1945 in der Volksrepublik Polen. Die angewendeten geophysikalischen und geochemischen Methoden der Prospektion auf Erdöl werden beschrieben und die Entwicklung der Fördertechnik geschildert.

Резюме

Автор предлагает обзор о развитии нефтяной геологии и нефтяной промышленности в Польской Народной Республике с 1945 года. Описываются использованные геофизические и геохимические методы поисков на нефть, а также развитие эксплуатационной техники.

Summary

The author reviews the development of petroleum geology and petroleum industry in the People's Republic of Poland since 1945. The development of production techniques as well as geophysical and geochemical methods applied to petroleum prospecting operations are described.

Aus der Arbeit der sozialistischen Arbeitsgemeinschaft Standardisierung, Verbesserungs- und Vorschlagswesen beim Geologischen Dienst Schwerin

HANS JÜRGEN ROGGE, Schwerin

Die Standardisierung ist ein wichtiges Teilgebiet der Reorganisation und Rekonstruktion der Volkswirtschaft. Auch für den Fachbereich Geologie ist die Einführung von Standards eine dringende Notwendigkeit. Die angestrebte Einheitlichkeit einer Reihe von Erzeugnissen und Verfahren sowie die Beschränkung auf die volkswirtschaftlich rationellsten Typen, z. B. bei Bohrgeräten und Ausrüstungen, ermöglichen nicht nur eine allgemeine Erhöhung der Arbeitsproduktivität für Hersteller und Abnehmer, sondern sichern auch die kontinuierliche Bereitstellung von Ersatz- und Zubehörteilen.

Die Vielzahl der gegenwärtig noch eingesetzten Typen u. a. an Bohrgeräten, Peilstangengeräten, Kraftfahrzeugen und Ausrüstungen zeigt, daß innerhalb des Fachbereichs Geologie in unserer Republik noch ein weites Betätigungsfeld für die Einführung von Fachbereichs- und Werkstandards vorliegt. In geringerem Maße trifft das auch für den Geologischen Dienst Schwerin zu. Hier wirkt sich innerhalb des Betriebes besonders die Vielzahl von Peilstangentypen, Kraftfahrzeugtypen und Schreibmaschinentypen nachteilig auf die Arbeit aus. So führt z. B. in den Bezirksstellen des Geologischen Dienstes das Fehlen von Einheitsschreibmaschinen mit auswechselbarem Wagen (Normal- und Langwagen), die jetzt von Dienststelle zu Dienststelle transportiert werden müssen, zu Terminverzögerungen bei der Fertigstellung von Gutachten und Ergebnisberichten.

Arbeitsunterbrechungen und Zeitverluste treten auch durch die verschiedenartige Konstruktion der Köpfe der Peilstangengeräte auf.

Eine völlig ungenügende Typisierung liegt ferner bei einigen speziell geologischen Ausrüstungsgegenständen vor. Hier soll nur an die verschiedenen ,,Modelle" von Geologenhämmern, Kartentaschen und Salzsäureflaschen erinnert werden. Obgleich jeder Geologe, Ingenieur oder Techniker eine eigene Vorstellung von den Ausrüstungsgegenständen hat, zeigt sich bei genauerer Betrachtung, daß die Anforderungen ziemlich übereinstimmen. So ist beispielsweise ein Geologenhammer ein Mehrzweckgerät, das zum Schlagen, Spalten und Schürfen verwendet wird. Verschiedene Anforderungen werden auch an Kartentaschen und Salzsäureflaschen gestellt. Die Kartentasche muß u. a. die griffbereite Unterbringung der Karten, des Kompasses, der Salzsäureflasche und des Hammers gewährleisten. Die Salzsäureflasche muß vollständig abgedichtet sein und sich im Gelände leicht und sicher bedienen lassen.

Zur Überwindung dieser Schwierigkeiten schlossen sich Anfang Januar vorigen Jahres neun wissenschaftliche und technische Mitarbeiter des Geologischen Dienstes zu einer sozialistischen Arbeitsgemeinschaft ,,Standardisierung, Verbesserungs- und Vorschlagswesen" zusammen. Die Zusammenlegung dieser eng zusammengehörenden Aufgabengebiete dürfte zur Vermeidung von Doppelarbeit für kleinere Betriebe zu empfehlen sein. Als Grundlage dieser Arbeit diente der ,,Vorschlag zur staatlichen Regelung der Standardisierung in der Deutschen Demokratischen Republik", in dem es heißt:

> ,,Ziel der sozialistischen Standardisierung in der Deutschen Demokratischen Republik ist es, durch die Vereinheitlichung der Erzeugnisse und Verfahren, durch systematisches Stufen der Erzeugnisse in geschlossenen Reihen und durch volkswirtschaftlich notwendige Begrenzung der Sortimente und der Typen:
> die Konzentration der Produktion und Spezialisierung der Betriebe zu beschleunigen;
> die Arbeitsproduktivität zu steigern und die Kosten zu senken;
> den höchsten volkswirtschaftlichen Nutzeffekt der Technik zu sichern;
> die Mechanisierung und Automatisierung konzentriert durchzuführen;
> die Qualität systematisch zu verbessern und den rationellsten Materialeinsatz zu gewährleisten;
> Voraussetzungen für die Förderung des Gesundheitsschutzes und die technische Sicherheit zu schaffen;
> einheitliche Bedingungen für die Lieferung, Prüfung und Verständigung herzustellen;
> die internationale Spezialisierung und Kooperation zwischen den sozialistischen Ländern allseitig zu fördern."

Nach der Auswertung dieses Vorschlages nahmen die Mitglieder der sozialistischen Arbeitsgemeinschaft ein Statut an, in dem u. a. vorgesehen ist:

1. Die Arbeitsgemeinschaft stellt sich die Aufgabe, das Betriebsgeschehen auf Rationalisierungsmöglichkeiten hin zu überprüfen, die Mitarbeiter des Geologischen Dienstes anzuregen, Vorschläge zur Verbesserung der Arbeit zu machen,

die Vorschläge auf ihre Zweckmäßigkeit und Anwendungsmöglichkeit zu überprüfen und sich für ihre Realisierung einzusetzen;

2. die Vorschläge auszuwerten und zu popularisieren;

3. je nach dem wissenschaftlichen oder ökonomischen Nutzen der eingereichten Vorschläge die jeweiligen Kollegen zur Prämiierung vorzuschlagen;

4. der Leitung des Geologischen Dienstes Vorschläge für Werkstandards zu unterbreiten;

5. der Leitung des Geologischen Dienstes die Delegierung von Kollegen zu Messen, Ausstellungen und Lehrgängen vorzuschlagen und nach ihrem Besuch die Kollegen zu verpflichten, ihre Erfahrungen zu popularisieren (Arbeitsgemeinschaft, Gewerkschaftsgruppe u. a.);

6. Hinweise aus der Fachliteratur auf ihre Anwendungsmöglichkeit und Einführung zu überprüfen;

7. in der vom Leiter des Geologischen Dienstes zur Verfügung gestellten Vitrine Vorschläge für Werkstandards zur Diskussion zu stellen.

In den bisherigen Beratungen der Arbeitsgemeinschaft, die fast ausschließlich außerhalb der Dienstzeit stattfanden, wurde schwerpunktsmäßig zu folgenden Standardisierungs- bzw. Verbesserungsvorschlägen Stellung genommen:

1. Bohrgeräte
2. Materialien für Probenaufbewahrung
3. Geologenausrüstung
4. Sedimentpetrographische Arbeitsverfahren
5. Fuhrpark
6. Formularwesen

1. Bohrgeräte

Gegenwärtig konnten nur die zweckmäßigsten Peilstangenbohrgeräte ermittelt werden, da im Geologischen Dienst keine genaue Übersicht über die verschiedenen in unserer Republik im Einsatz befindlichen Bohrgerätetypen besteht. Für die Peilstangengeräte wurden festgelegt:

1- und 2-m-Peilstange (Typ LINNEMANNsche Kartierungspeilstange): Großer Kopf, Bohrungen in allen Köpfen gleich, Eisenknebel, 1-m-Nute mit Körnerschlag alle 10 cm, 1-m-Stange etwas dicker als 2-m-Stange. Spitzen jeweils gehärtet, Qualität St. 37 oder St. 52.

10-m-Peilstange (Typ LINNEMANNsches Sondiergerät): Großer Kopf, Bohrungen in allen Köpfen gleich, 1-m-Nute, Hebezangen im Durchmesser der Bohrung im Bohrkopf, St. 37 oder St. 52.

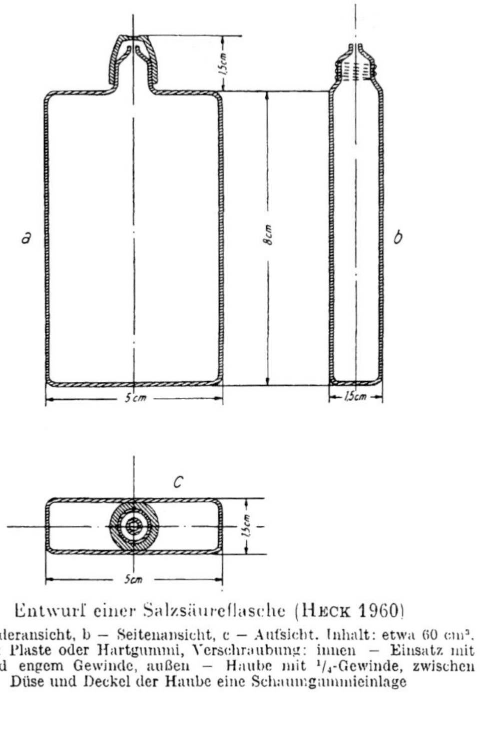

Entwurf einer Salzsäureflasche (HECK 1960)

a — Vorderansicht, b — Seitenansicht, c — Aufsicht. Inhalt: etwa 60 cm³. Material: Plaste oder Hartgummi, Verschraubung: innen — Einsatz mit Düse und engem Gewinde, außen — Haube mit ¹/₄-Gewinde, zwischen Düse und Deckel der Haube eine Schaumgummieinlage

Moorbohrer (Typ Schwedischer Moorbohrer): Bajonettverschluß, 50 cm lange Kammer.

Bohrkeulen:

a) in Tönnchenform aus Hartgummi, Gewicht 3 kg, Stiel aus Esche, 60 und 80 cm lang;

b) in Tönnchenform aus Hartholz.

2. Materialien für Probenaufbewahrungen

Probenkarton

a) für Archivzwecke (Proben trocken): Pappe, glatter Karton, Maße 11 × 11 × 9 cm;

b) für ständige Arbeiten (Proben bergfeucht): Plaste, Maße 10 × 10 × 10 cm, Firmenstempel eingepreßt.

Beutel

a) Leinenbeutel u. a. für klastische Proben aus dem marinen Bereich;

b) Perfolbeutel u. a. für plastische Proben aus dem limnischen Bereich sowie für Ton usw;

c) Glasröhrchen mit Schraubverschluß bzw. Gummi- oder Kunststoffpfropfen für Archivzwecke.

3. Geologenausrüstung

Schurfhacke: St. 37, Länge des Hammerkopfes 0,175 m, Breite der Schneide 0,07 m, Länge des Holzstieles 0,50 m.

Kartentasche: Leder, griffbereite Unterbringung der Schurfhacke, der Salzsäureflasche, des Kompasses, der Feldblätter sowie persönlicher Sachen.

Salzsäureflasche: entsprechend dem Entwurf von Prof. Dr. HECK (Abb.).

Geologenkompaß: (Typ Freiberger Geologenkompaß) mit Neugradeinteilung und Spiegel.

4. Sedimentpetrographische Arbeitsverfahren

Die eingereichten Vorschläge aus dem Arbeitsgebiet Sedimentpetrographie haben nicht nur innerbetriebliche Bedeutung. So kann beispielsweise die Auftragserteilung zur Herstellung von Handstückkästen mit Haltevorrichtung für die entsprechenden Dünnschliffe oder die Festlegung der logarithmischen Einteilung der Basis 10 mit dem Faktor 2 für Siebanalysen nur von zentraler Stelle erfolgen.

5. Fuhrpark

Der gegenwärtig vorhandene Fuhrpark genügt den Anforderungen nur zum Teil. Grundsätzlich werden geländegängige Kraftfahrzeuge benötigt, die eine Mitnahme von Peilstangengeräten oder den Transport von mehreren Zentnern Probengut gestatten. Am besten haben sich auf den mecklenburgischen Landwegen der sowjetische GAS-Kübel mit Allradantrieb und der Moskwitsch (einschl. Moskwitsch-Kombi) bewährt. Für den Geologischen Dienst Schwerin wird folgender Fuhrpark am rationellsten gehalten:

Kraftfahrzeuge	
GAS-Kübel	für Ingenieurgeologie
Moskwitsch-Kombi	für Objektgeologen
Framobus	für Markscheiderei und Vermessung
Kräder	
AWO bzw. MZ	(250 ccm mit Beiwagen) für kartierende Geologen
Moped	
Fahrräder	
Doppelrahmenfahrrad	
Wohnwagen	
Typ Wilsdruff	

6. Formularwesen

Die auf diesem Gebiet ausgearbeiteten Vorschläge haben in erster Linie innerbetrieblichen Charakter. Es ist jedoch sehr zu empfehlen, für alle Dienststellen einheitliche Formulare (Antragsformulare) herauszugeben. Die unterschiedlichen Formulare führten z. B. dazu, daß bei Anträgen an die zentralen Laboratorien Antragsformulare der jeweiligen Dienststelle und außerdem des ZGI ausgefüllt werden müssen. Bei der Überarbeitung der Antragsformulare des Geologischen Dienstes wurde ferner festgestellt, daß einzelne Antragsformulare verhältnismäßig „großzügig" gehalten sind, mit der

Hälfte des Papiers also der gleiche Nutzeffekt erreicht werden kann.

Wie aus den Beispielen hervorgeht, handelt es sich sowohl um Vorschläge für Werkstandards (Peilstangengeräte, Schurfhacke, Kartentasche usw.) als auch um Verbesserungsvorschläge, die entweder eine Einsparung an Rohmaterial, wie Papier und Pappe, oder die Sicherung eines möglichst rationellen Arbeitsablaufs vorsehen. Soweit die einzelnen Vorschläge innerbetriebliche Bedeutung besitzen, wurde Wert darauf gelegt, die vorgeschlagenen Gegenstände und Verfahren auszustellen, um der Belegschaft die Möglichkeit zu geben, aktiv an der Arbeit der Arbeitsgemeinschaft teilzunehmen. So zeigen die Ausstellungen meistens die Arbeitsergebnisse eines halben Jahres. Vier Wochen nach der Ausstellung erfolgt die endgültige Beurteilung der eingereichten Vorschläge, wobei die zusätzlichen Hinweise beachtet werden. Das Ergebnis dieser Beratung findet dann in anerkannten Verbesserungsvorschlägen und Empfehlungen für Werk- bzw. für Fachbereichsstandards Berücksichtigung. Seit Bestehen der Arbeitsgemeinschaft wurden innerhalb von sieben Monaten

8 Vorschläge für Werkstandards,
3 Vorschläge für Fachbereichsstandards und
8 Verbesserungsvorschläge

eingereicht und bearbeitet, davon stammt der überwiegende Teil der Vorschläge von den Mitgliedern der Arbeitsgemeinschaft. In letzter Zeit werden jedoch auch Standardisierungsanträge und Verbesserungsvorschläge von einzelnen Mitarbeitern und Arbeitskollektiven eingereicht. Das zeigt, daß sich immer mehr Mitarbeiter für die Verbesserung der Arbeitsorganisation und die Erhöhung der Arbeitsproduktivität einsetzen.

In diesem Zusammenhang wäre es wünschenswert, wenn die bisher eingereichten Vorschläge für Fachbereichsstandards und Neuentwicklungen von den übergeordneten Dienststellen etwas zügiger als bisher bearbeitet werden. Es erscheint zweckmäßig, die Bearbeitung der einzelnen Vorschläge nicht mehr wie bisher „nebenbei" zu erledigen.

Zinn-, Wismut- und Antimonbestimmungen in Erzen und Konzentraten mit dem Anionenaustauscher Wofatit L 150[1]

ERIKA WOHLMANN, Berlin

Über die Anwendung des Anionenaustauschers Wofatit L 150 (s. R. GRIESSBACH 1939 und 1957, O. SAMUELSON 1952, E. BLASIUS 1958) in der analytischen Chemie lagen bis zum Beginn unserer Versuche im Jahre 1956 die ausführlichen Arbeiten von D. JENTSCH und Mitarbeitern (1955, 1956) sowie die Arbeit von H. UNGETHÜM (1956) zur serienmäßigen Analyse der Kupferschiefer vor.

UNGETHÜM trennt über den Anionenaustauscher Wofatit L 150 (= AT.) Pb und Zn von Cu, As, Al, Fe, Mn, Ca und Mg, wobei Zn und Pb auf dem AT. verbleiben, während alle anderen Elemente in den Durchlauf gelangen. Die Austauschersäule ist bei UNGETHÜM eine Bürette zu 50 ml, wie sie Verf. dann ebenfalls benutzte. Bei der Analyse der Kupferschiefer wird eine 2,5 m salzsaure Lösung auf einen mit 2,5 m HCl beschickten AT. gegeben. Zink wird mit 0,3 m HCl, Blei mit 0,03 m HCl eluiert.

Um den Anionenaustauscher Wofatit L 150 auch zur Analyse der Freiberger Erze (H. MÜLLER 1901) einsetzen zu können, die wesentlich anders als die Kupferschiefer zusammengesetzt sind, waren einige Untersuchungen über das Verhalten von Sn, Ti, Bi und Sb erforderlich, die von UNGETHÜM nicht berücksichtigt worden waren.

Die Freiberger Erze führen neben Bleiglanz und Zinkblende wenig Kupferkies, daneben Wismutglanz, Zinnstein, Antimonglanz, Pyrit, Arsenkies und Silikat sowie Kalkspat und Schwerspat.

Das Verhalten von Zinn am Wofatit L 150

Da die Freiberger Erze bis zu etwa 1% Zinn enthalten können, mußte das Verhalten von Zinn am Wofatit L 150 überprüft werden.

Zu allen Versuchen diente eine Bürette zu 50 ml mit einer Austauscherhöhe von 30 cm und einem Korndurchmesser von 0,25—0,30 mm. Der AT. war mit 2,5 m HCl beladen, und die Lösungen wurden 1,5 m a—n HCl aufgegeben. Die gleiche Anordnung wurde bei allen weiteren Versuchen beibehalten.

Vorbereitung der Aufgabenlösung: Zu den Versuchen wurden je 10 ml $SnCl_4$-Lösung mit 10 mg Sn mit 1 : 1 verdünntem Amoniak gegen Methylrot bis zur ganz schwachen Gelbfärbung neutralisiert und sofort mit dem gleichen Volumen 5 m HCl versetzt, so daß eine 2,5 m HCl-Lösung resultierte. Diese Lösung von etwa 50 ml Volumen wurde auf den vorbereiteten AT. gegeben.

In gleicher Weise erfolgte später auch die Vorbereitung der Titan-, Blei-, Zink-, Wismut- und Antimonlösungen.

Das Ansäuern der neutralisierten Lösungen muß unmittelbar mit bereitstehender HCl vorgenommen werden.

Zuerst wurde das Zinn mit 0,3 m HCl eluiert. Der Durchlauf und die Eluate, je 250 ml, wurden durch Reduktion mit Al und Titration mit Methylenblau (s. E. WOHLMANN 1941) geprüft.

Die Titrationen ergaben, daß Zinn^{IV} quantitativ vom AT. aufgenommen und mit 0,3 m HCl eluiert wird. Das aufgegebene Zinn wurde wiedergefunden, wie Tab. 1 zeigt.

Nach den Versuchsergebnissen wird Zinn zusammen mit Zink vom AT. eluiert, worauf bei der weiteren Behandlung des Zinks Rücksicht zu nehmen ist.

Tab. 1. Das Verhalten von Zinn(IV)-chloridlösungen am Wofatit L 150

Vers. Nr.	ml Sn	ml a) Durchlauf b) Eluat	HCl mol.	mg Sn gegeb.	mg Sn gef.
1a	10	250	2,5	6,16	0,0
1b		250	0,3	6,16	5,8
2a	10	250	2,5	6,16	0,0
2b		250	0,3	6,16	5,7
3a	20	250	2,5	12,32	0,0
3b		250	0,3	12,32	11,7
4a	20	250	2,5	12,32	0,0
4b		250	0,3	12,32	11,8

[1]) Gekürzt auf der III. Analytischen Konferenz in Prag 1959 vorgetragen. Für die Ausführung der Versuche sei Fräulein W. WANDER gedankt.

Eine Überprüfung ergab, daß Zinn bei der Titration des Zinks mit ÄDTA (= Äthylendiamintetraacetat) und Eriochromschwarz T als Indikator nicht stören kann, da es mit Eriochromschwarz T sofort Blaufärbung, also keinen Komplex mit dem Indikator, gibt. Bei der Oxinfällung des Zinks kann der Einfluß durch Hydrolyse des Zinns durch Zusatz von Oxalsäure (R. BERG 1938) verhindert werden.

Das Verhalten von Titan am Wofatit L 150

Da die Freiberger Erze stets mehr oder weniger große Mengen Silikat enthalten, ist immer mit dem Vorhandensein von Titan zu rechnen, und zumal darüber keine Literatur (s. D. JENTSCH 1955, 1956) vorliegt, sollte sein Verhalten am Wofatit L 150 deshalb untersucht werden.

Titan wurde aus 2,5 m, 6 m und 9 m HCl auf entsprechend beladene Säulen gegeben und mit der Aufgabe-Salzsäure gewaschen. Die Durchläufe wurden titrimetrisch auf Titan (s. E. WOHLMANN 1954) geprüft und die aufgegebene Menge Titan gefunden, wie die Werte der Tab. 2 zeigen.

Tab. 2. Das Verhalten von Titan(IV)-chloridlösungen am Wofatit L 150

Nr.	ml Ti	ml Eluat	Aufgabe-mol. HCl	mg Ti gef.	mg Ti gegeb.
1	5	250	2,5	23,44	23,43
2	5	250	2,5	23,44	23,43
3	1	250	6	4,75	4,69
4	1	250	9	4,68	4,69

Zur Titanbestimmung wurden die Durchläufe zur Trockne gedampft, mit 2,5 m HCl aufgenommen und mit 0,01 n Eisen (III)-Lösung nach Reduktion mit Cd titriert (s. E. WOHLMANN 1954).

Titan gelangt nach den ausgeführten Versuchen in den 2,5 m HCl-Durchlauf, der jeweils auch Arsen, Kupfer, Aluminium, Eisen, Mangan, Calcium und Magnesium enthalten kann, so daß es in diesem Durchlauf neben den genannten Metallen bestimmt werden kann.

Das Verhalten von Wismut am Wofatit L 150

Das Verhalten von Wismut, das die Freiberger Erze bis zu 1% enthalten können, am Wofatit L 150 festzustellen, war die Hauptaufgabe dieser Arbeit (s. A. ELKIND, K. H. GEYER & D. F. BOLTZ 1953; M. FUJIMOTO 1957; G. W. C. MILNER & J. W. EDWARDS 1958). Nach D. JETNSCH wird Wismut vom Wofatit L 150 aufgenommen und kann mit alkalischer Lösung eluiert werden.

Zu den Versuchen diente die bereits unter Zinn beschriebene Säule, beladen mit 2,5 m HCl. Eine Lösung mit 4 mg Bi in 2,5 m HCl wurde auf die Säule gegeben, nachdem die darauf stehende HCl bis zum Harz abgelassen worden war. Der 2,5 m HCl-Durchlauf wurde mit Kaliumthiocyanatlösung (s. B. LANGE 1952) auf Bi geprüft, das nicht nachgewiesen werden konnte. Das Wismut ist demnach vom AT. aufgenommen worden.

Eluieren von Wismut: Zuerst wurde mit 0,3 m HCl eluiert, um zu sehen, ob Wismut mit Zink eluiert wird. Das Eluat wurde mit Kaliumthiocyanatlösung mit negativem Befund geprüft; eine Störung bei der Zinkbestimmung kann also durch Bi nicht eintreten. Anschließend wurde mit 0,03 m HCl eluiert, um eine Störmöglichkeit durch Bi beim Blei zu erkunden. Diese entfällt aber, da Wismut im 0,03 m HCl-Eluat nicht nachgewiesen werden konnte.

Da Wismut eine ausgezeichnete Reaktion mit Thioharnstoff gibt (s. K. W. GROSHEIM-GRYSKO 1941; B. LANGE 1952), wurde untersucht, ob dieses Reagens das Wismut als Komplex zu lösen vermag (s. F. HEIN 1950; A. I. BUSSEW 1953). Zuerst wurde mit 0,3 m HCl, 1:1 gemischt mit 10%iger Thioharnstofflösung (ThH), eluiert, jedoch mit negativem Ergebnis. Wismut bleibt trotz des starken Komplexbildners auf dem AT.

Tab. 3. Vorversuche zur Eluierung des Wismuts mit Thioharnstofflösung vom Wofatit L 150

Nr.	% Abs.	
1	16	17
2	17	(24)
3	15	18
4	16	19
Mittel	16	18

Einen ausgezeichneten Effekt ergab ein Eluieren mit 10%iger, wäßriger ThH-Lösung. Sofort beim Eindringen der wäßrigen ThH-Lösung in die oberste Lage des AT. tritt eine intensive Gelbfärbung auf, die sich bei weiterem Eindringen der ThH-Lösung in die Säule in die nächsten Lagen ausdehnt und dort aufhört, wo der Austausch des Wismuts mit dem Harz abgeschlossen ist. Bei weiterer Zugabe von ThH-Lösung wandert die gelbe Bande durch die Säule, und schließlich fließt gelbe Wismutthioharnstofflösung ab. Es wird so lange mit kleinen Portionen 10%iger ThH-Lösung eluiert, bis die Lösung wasserhell abfließt. Das Eluat wird in einem Maßkolben aufgefangen und mit Wasser aufgefüllt. Die Vorversuche stimmen sehr gut mit dem Sollwert überein, wie Tab. 3 zeigt.

Je 10 ml Wismutlösung mit 4 mg Bi wurden zur Trockne gedampft, mit 20 ml 2,5 m HCl aufgenommen und auf den mit 2,5 m HCl beschickten AT. gegeben, mit 250 ml 2,5 m HCl gewaschen und mit 10%iger ThH-Lösung eluiert.

Für 4 mg Bi wurden 250 ml verbraucht. Die ersten Messungen erfolgten sofort an einem LANGE-Kolorimeter, die zweiten Messungen nach zwei Tagen.

Die sehr gute Übereinstimmung der Parallelwerte der Vorversuche zeigt, daß das aufgegebene Wismut quantitativ eluiert wurde. Nach der direkt aufgenommenen Kurve entsprechen 15,7 Skt (= Skalenteile = % Absorption) 4 mg Bi.

Die Beständigkeit der Färbung ist ebenfalls sehr befriedigend, selbst nach zwei Tagen haben sich die Absorptionswerte nur wenig geändert.

Prüfung der Meßbedingungen im Zusammenhang mit der Eluation

Bevor die Versuche am AT. fortgesetzt wurden, wurden die Bedingungen für die direkte Aufnahme einer Wismutthioharnstoffkurve im Zusammenhang mit der Eluation untersucht. Dazu wurden mehrere Gruppen von Ansätzen a1-a5 gemessen.

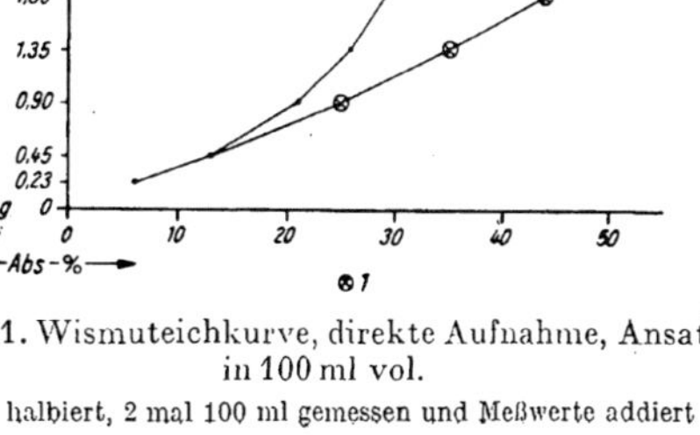

Abb. 1. Wismuteichkurve, direkte Aufnahme, Ansatz in 100 ml vol.

1 – halbiert, 2 mal 100 ml gemessen und Meßwerte addiert

Tab. 4. Direkte Aufnahme einer Wismutthioharnstoffkurve

Nr.	Bi ml	Bi mg	% Absorption a 1	a 2	a 3	a 4	a 5	Mi.	% Absorption b 1	b 2	b 3	b 4	b 5	Mi.	% Absorption c 1	c 2	c 3	Mi.
1	0,5	0,45	12	14	12	15	12	13	12	10	10	9	11	10	15	15	20	16
2	1,0	0,90	23	24	21	17	22	21	28	25	23	–	25	25	29	28	–	28
3	1,5	1,35	27	29	27	22	25	26	36	36	35	35	32	35	38	37	39	38
4	2,0	1,80	32	31	29	29	26	29	46	46	42	43		44	46	43	43	44
5	2,5	2,25	34	33	31	27	29	31	49	49	48	47	47	48	51	47	53	50
6	3,0	2,70	35	34	33			34	54	56	52	50		53	57	50		53

a – Messungen sofort nach Ansatz, b – Messungen nach 30 Min. in zwei Küvetten, c – Messungen nach 2 Std. in zwei Küvetten zu 100 ml. Beim Halbieren der Lösungen wurde durch entsprechenden Zusatz die Reagenskonzentration aufrechterhalten, die beiden Meßwerte wurden addiert und in die Tabelle eingetragen.

In den letzten Jahren wandten sich zahlreiche Wissenschaftler, besonders aber W. NIELSCH & G. BOLTZ (1954), der Untersuchung der Reaktion des Wismuts mit Thioharnstoff zu.

Die bereits im Vorversuch festgestellte zeitliche Beständigkeit wurde bei der Aufstellung der Kurven weiter verfolgt (Tab. 4; Abb. 1). Die Messungen erfolgten am LANGE-Kolorimeter mit Blaufilter und Küvetten zu 100 ml.

Ansatz der Lösungen: Die Wismutlösung wurde mit 5 ml konz. HNO_3 versetzt; weiterhin 50 ml Wasser, 100 ml 10%ige ThH-Lösung und Wasser bis 100 ml zugefügt (s. Analyse d. Met. 1953; F. LEUTWEIN 1944).

Die Werte der Tab. 4 zeigen, daß die zeitliche Beständigkeit und die Reproduzierbarkeit befriedigend sind.

Die Abhängigkeit der Wismutabsorptionswerte von der Zusammensetzung der Lösung zeigt Tab. 5. Für die Farbtiefe der Lösungen ist weniger der p_H-Wert als die ThH-Konzentration entscheidend, so daß besonders für Trennungen des Wismuts über den Wofatit L 150 und die Eluierung mit wäßriger 10%iger ThH-Lösung ein Auffüllen mit ThH-Lösung nötig ist. Die Wismuteichkurve muß entsprechend aufgenommen werden. Die Säureart ist bei geringen Konzentrationen in der zu messenden Lösung offensichtlich ohne Einfluß (Vers. 3a, b, c, IIIa, c).

Wismutbestimmungen nach Aufgabe und Eluierung vom Wofatit L 150

Nachdem die Bedingungen für die photometrischen Messungen des Wismutthioharnstoffkomplexes nach dem Eluieren mit ThH-Lösung vom AT. geprüft worden waren, wurden die Versuche zur Wismutbestimmung über den AT. fortgesetzt.

Wie bei den Versuchen für Zinn und Titan wurde neutralisiert, mit 5 m HCl auf 2,5 m HCl gebracht und mit einem Volumen von etwa 20 ml auf den AT. gegeben. Nach dem Waschen mit 2,5 m HCl wurde mit 0,3 m HCl und dann mit 0,03 m HCl eluiert und Durchlauf sowie Eluate auf Wismut geprüft. Es konnte aber kein Wismut nachgewiesen werden. Das Eluieren mit 0,3 und 0,03 m HCl erfolgte, um die Analogie zum vollständigen Analysengang unter Berücksichtigung von Zink und Blei herzustellen.

Von der mit 0,03 m HCl beladenen Säule wurde nun das Wismut mit 10%iger wäßriger Lösung von ThH eluiert. Wie bereits gesagt, tritt sofort eine intensive Gelbfärbung im Bereich des Wismut-Austauschers ein, die sich beim weiteren Eluieren in die nächstliegenden tieferen Partien des AT. verlagert und so allmählich zur untersten Schicht vordringt. Schließlich fließt ein gelb gefärbtes Eluat ab, Wismutthioharnstofflösung. Nach F. HEIN (1950) kommt der Verbindung folgende Formel zu:

$$[\{(H_2N)CS\}_3BiCl_3]$$

Es wurde eluiert, bis das Eluat farblos abläuft. Die Dauer der Eluierung hängt von der Menge des aufgenommenen Wismuts ab und kann bei Konzentrationen von 3–4% Bi ein Liter Eluat erreichen. Das Messen im Kolorimeter bringt dann nur Näherungswerte. Wismut kann aber leicht nach Zusatz von Brenzcatechinviolett mit ADTA (G. SCHWARZENBACH 1956) titriert oder gravimetrisch bestimmt werden. Für die gravimetrische Bestimmung muß der ThH zuvor durch Abdampfen mit konz. HNO_3 und 30%igem H_2O_2 zersetzt werden, denn sonst tritt beim Abdampfen bis fast zur Trockne eine beinahe explosive Zerstörung ein, die Verluste mit sich bringt.

Bei den in Tab. 6 dargestellten Versuchen wurde das Eluat in Kolben zu 250 ml aufgefangen, mit 10%iger ThH-Lösung aufgefüllt und in einer Küvette zu 100 ml mit Blaufilter und Meßbereich 0–50% Absorption gemessen (Abb. 2). Die erhaltenen Werte stimmen mit denen einer analogen direkten Messung gut überein. Somit wurde das Ergebnis der Vorversuche bestätigt.

Die beschriebenen Versuche zeigen, daß Wismut aus 2,5 m HCl quantitativ vom Wofatit L 150 aufgenommen wird, mit Hilfe von wäßriger 10%iger Thioharnstofflösung quantitativ eluiert werden kann und dabei in photometrierfertiger Form anfällt, sofern es sich nicht um zu hohe Gehalte handelt, die wohl ausgetauscht und

Tab. 5. Abhängigkeit der Absorptionswerte des Wismutthioharnstoffkomplexes von Säuregrad und -art

Ansatz im Kolben zu 100 ml mit je 0,9 mg Bi. Messung ohne Filter, Küvette 100 ml. Je 0,45 mg Bi bei II und III vorgelegt.

Nr.	ml H_2O	ml ThH 10%	ml HNO_3 konz.	ml HCl 0,03 m	% Abs.	Bemerkungen
1a	84	10		5	74, 72	Doppelmessungen
b	84	10	5	–	73, 73, 71	3 Ansätze
b	74	20	5	–	88	
c	90	10	–	–	72, 73	Doppelmessungen
c	80	20	–	–	82	
c	70	30	–	–	88	
c	60	40	–	–	94	
2a	44	50	–	5	93	
b	44	50	5	–	98, 98	Doppelmessungen
c	44	50	–	–	98, 98	Doppelmessungen
3a	–	94	–	5	100, 97	Doppelmessungen
b	–	94	5	–	100, 99	Doppelmessungen
c	–	99	–	–	100, 96	Doppelmessungen
IIa	44	50	–	5	69, 70	Doppelmessungen
c	49	50	–	–	71	
IIIa	–	95	–	5	77	
b	–	95	5	–	73	
c	–	99	–	–	80	

Tab. 6. Eluierung von Wismut mit Thioharnstofflösung vom Wofatit L 150

Wismutlösungen wurden 2,5 m salzsauer auf eine mit 2,5 m HCl beladene Säule, h = 30 cm, Korn-∅ = 0,20–0,30 mm, gegeben.

Nr.	mg Bi	ml ThH	ml 0,03 m HCl	% Absorption dir. gemessen	% Absorption über AT.	% Absorption Bi/Sb Trenng.	mg Bi gef.
1	0,54	240	10	10; 10	10; 9; 9		0,54
2	1,08	240	10	17; 16	15; 16; 12	15	0,95
3	1,62	240	10	21; 21	18; 20; 19	17	1,30

Bei 1 g Einwaage entspricht 1 mg Bi in 250 ml Eluat 0,1% Bi bzw. 4 γ oder 4 n/ml, bei 5 g Einwaage 0,02% Bi bzw. 0,8 γ oder 0,8 n/ml.

eluiert, jedoch nicht kolorimetriert, wohl aber titriert werden können (G. SCHWARZENBACH 1956).

Ferner wurden noch einige Versuche unternommen, Wismut mit Thioharnstoff-Kaliumjodid-Lösung zu eluieren. Mit dieser Lösung entstanden im oberen Bereich der Säule gelb gefärbte Banden, das Eluat lief stark gelb gefärbt ab. Die direkte Photometrierung mit ThH-KJ-Lösung (N. M. LISICKI & D. F. BOLTZ 1955) ergab wesentlich höhere Werte der Absorption, als mit ThH allein als Eluantem erhalten werden. Da beabsichtigt

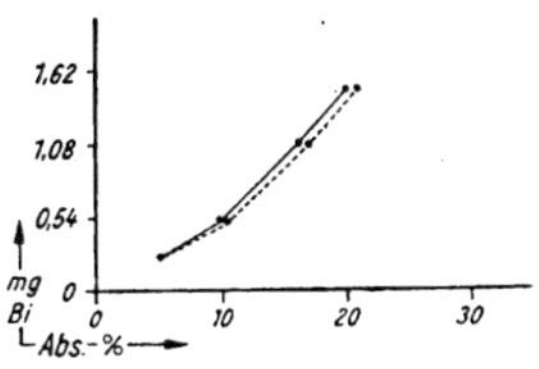

Abb. 2. Wismuteichkurven nach Eluieren mit Thioharnstofflösung vom Wofatit L 150.

Durch Ausfallen eines Kolorimeters mußte an einem anderen gemessen werden, so daß ein unmittelbarer Vergleich bei verschiedenen Messungen nicht möglich ist.

war, Antimon mit Hilfe von Thioharnstoff-Kaliumjodid-Lösung zu eluieren (D. N. FINKELSTEIN & G. N. KRUJUCKOVA 1954, 1955), wurden diese Versuche nicht fortgesetzt.

Das Verhalten von Antimon am Wofatit L 150

Da in den Freiberger Erzen auch Antimon vorhanden und daher u. U. zu bestimmen ist, wurde noch dessen Verhalten am Wofatit L 150 geprüft. Bisher war darüber nur wenig bekannt (D. JENTSCH & I. FROTSCHER 1955; D. JENTSCH & I. PAWLICK 1955 a, b; D. JENTSCH 1955, 1956; F. V. ZAJKOVSKIJ 1954, 1955).

Die Vorbereitung und Aufgabe der Antimonlösung auf den Wofatit L 150 erfolgte in gleicher Weise wie beim Wismut.

Da es sich bei Anwendung des Verfahrens nicht um die Aufnahme und Eluierung von Antimon allein handeln würde, sondern um die Trennung von As, Cu, Al, Fe, Ti, Mn, Ca, Mg, Zn, Pb und Bi, wurde analog wie bisher geprüft, ob Sb zusammen mit Zn, Pb oder Bi zu eluieren ist.

Die 2,5 m, 0,3 m und 0,03 m HCl-Eluate sowie das ThH-Eluat ergaben einen negativen Befund für Antimon, geprüft mit ThH-KJ-Lösung (D. N. FINKELSTEIN & G. N. KRUJUCKOVA 1954, 1955). Antimon wird also vom Wofatit L 150 ausgetauscht und nicht mit Zink oder Blei oder Wismut eluiert. Dadurch war die Möglichkeit einer Trennung des Antimons von den obengenannten Elementen aufgezeigt.

Die direkte kolorimetrische Bestimmung von Antimon

Die direkte kolorimetrische Bestimmung von Antimon(III)-chlorid mit schwach schwefelsaurer ThH-KJ-Lösung (ThH-KJ) wurde zunächst untersucht. Die von D. N. FINKELSTEIN & G. N. KRUJUCKOVA (1954, 1955) über dieses Verfahren vorliegenden Arbeiten dienten als Anhalt für die Versuche, da die Kurvenaufnahme bereits auf die vom AT. eluierte Antimonlösung ausgerichtet werden sollte.

Tab. 7. Zeitliche Beständigkeit und Reagenskonzentrationsabhängigkeit der Werte des Antimon-Thioharnstoff-Jodid-Komplexes

Nr.	mg Sb	ml ThH-KJ	% Absorption a[1]	% Absorption a[2]	% Absorption b	% Absorption c	ml ThH-KJ
1	0,052	40	13	–	–	–	–
2	0,13	40	19	28	28	–	100
3	0,26	40	28	39	39	38	100
4	0,39	40	35	48	48	45	100
5	0,52	–	–	57	58	55	100
6	0,65	–	–	63	63	63	100
7	1,30	–	–	78	87	83	99
8	1,95	–	–	88	97	92	98,5

a – Messung nach 35 Min., b – Messung nach 45 Min., c – Messung nach 65 Min.

Der Ansatz der Lösungen erfolgte im Kolben zu 100 ml. Als Reagenslösung diente 10%ige ThH-Lösung und 10%ige KJ-Lösung 1 : 1 gemischt, dazu 50 ml H_2SO_4 1 : 1 auf 1 Liter ThH-KJ-Lösung, insgesamt 1050 ml Lösung. Die Auffüllung erfolgte teils mit Reagens (a_2, b, c), teils mit Wasser (a_1); die Messung wurde unter Benutzung des Blaufilters in der Küvette zu 100 ml durchgeführt.

Tab. 8 enthält die Werte über die Reproduzierbarkeit der Messung.

Tab. 8. Reproduzierbarkeit der Messungen des Antimon-Thioharnstoff-Jodid-Komplexes

Nr.	mg Sb	ml ThH-KJ	ml 2,5 m HCl	% Abs.
1	0,65	~240	10	23; 23
2	1,30	~240	10	26; 27
3	1,95	~240	10	28; 29
4	2,60	~240	10	29; 31

Der Ansatz wurde hier in Kolben zu 250 ml Volumen vorgenommen mit dem obenbeschriebenen Reagens und mit diesem schließlich aufgefüllt. Die Messung erfolgte mit Blaufilter in der Küvette zu 100 ml.

Tab. 9 enthält eine Gegenüberstellung der Abs.-Werte aus Tab. 7, einmal mit 40, einmal mit 100 ml ThH-KJ-Lösung angesetzter Versuche.

Tab. 9. Gegenüberstellung der Absorptionswerte aus Tab. 7

Nr.	mg Sb	ml ThH-KJ	% Abs. a1	ml ThH-KJ	% Abs. a2
2	0,13	40	19	100	28
3	0,26	40	28	100	39
4	0,39	40	35	100	48

Wie die Tab. 7–9 zeigen, ist die Beständigkeit der Färbung ausgezeichnet. Auch beim Antimon-Thioharnstoff-Jodid-Komplex läßt sich eine Abhängigkeit der Färbung von der Reagenskonzentration feststellen. Da

Tab. 10. Aufnahme der Antimoneichkurve des Antimon-Thioharnstoff-Jodid-Komplexes

Nr.	mg Sb	% Abs.	nach Min.	nach Halbier. % Abs.
1	0,30	4; 5	30	
2	0,75	8; 11,5	über Nacht	
3	1,52	17; 18,5	über Nacht	–; 20 60
4	3,04	26; 8; 26	30	37; 32 60

Doppelansätze. Beim Halbieren wurde die Reagenskonzentration aufrechterhalten, die beiden Meßwerte addiert und in die Tab. eingetragen, vgl. dazu Tab. 4.

beim Eluieren vom AT. mit einer hohen Konzentration an Reagens zu rechnen ist, ist es angebracht, das noch fehlende Volumen zur Auffüllung durch ThH-KJ-Lösung zu ergänzen.

Nach Prüfung der Bedingungen für das direkte Kolorimetrieren des Antimon-Thioharnstoff-Jodid-Komplexes wurden die Versuche am AT. weitergeführt. In Tab. 10 ist die Aufnahme der Kurve dargestellt.

Die in Tab. 10 angegebenen mg Sb wurden in Kolben zu 250 ml mit alkalischer ThH-KJ-Lösung (2 n NaOH, 10% an ThH, 10% an KJ) aufgefüllt. Eine Abnahme von 100 ml wurde in einen Kolben von 250 ml Volumen pipettiert, mit 20 ml Schwefelsäure 1 : 1 angesäuert, wodurch S und Sb_2S_3 ausfallen. Durch Erhitzen geht Sb_2S_3 in Lösung, und Schwefel ballt sich zusammen, so daß er filtrierbar wird. Nach Lösen des Antimonsulfids und Erkalten der Lösung wird mit neutraler ThH-KJ-Lösung aufgefüllt. Durch trockene Trichter und Filter wird ein Vorlauf, dann in die Küvette filtriert und 30 Min. nach dem Auffüllen gemessen.

Bei dieser Art des Ansatzes wird bei der Aufnahme der Kurve die größte Angleichung zur Auswertung nach dem Eluieren des Antimons vom AT. herbeigeführt (Abb. 3).

Wie besondere Versuche zeigten, kann, ohne die Absorption zu verändern, der Zusatz von Schwefelsäure etwas variiert werden. Direkte Ansätze im Kolben von 250 ml Volumen wurden mit 2—25 ml H_2SO_4 1 : 1 angesäuert; die zugehörigen Absorptionswerte sind 26,5 bis 27% Absorption. Für die Neutralisation und für die Lösung des ausgefallenen Sb_2S_3, bis 15 mg Sb/250 ml, sind 20 ml H_2SO_4 1 : 1 ausreichend.

Dieses Verfahren für die Kurvenaufnahme ist das Ergebnis der im folgenden beschriebenen Eluierungsversuche.

Die Eluierung von Antimon vom Wofatit L 150

Die Eluierung des Antimons wurde mit neutraler ThH-KJ-Lösung (S. D. N. FINKELSTEIN & G. N. KRUJUCKOVA 1954, 1955) begonnen, damit aber nur eine schwache Gelbfärbung des Eluats erhalten. Mit schwach schwefelsaurer Eluierungslösung trat im oberen Säulenbereich eine gelb gefärbte Zone auf, die beim weiteren Eindringen des Eluanten durch die Säule wanderte. Das gelb gefärbte Eluat wurde etwas eingeengt und nach einer direkt aufgenommenen Kurve ausgewertet. Die Ergebnisse zeigten, daß nur ein Teil des aufgegebenen Antimons eluiert worden war und daß nur Antimon(III)-Lösung quantitativ vom AT. aufgenommen wird, während Antimon(V)-Ionen im Durchlauf, im 0,3 m, im 0,03 m HCl-Eluat sowie im ThH-Eluat gefunden wurden.

Mit einigen Variationen in Säure-, ThH- und KJ-Konzentration wurde nochmals versucht, mit saurer Reagenslösung zu eluieren. Bei einem relativ hohen Eluiervolumen (1200 ml) konnten nur etwa 50% des aufgegebenen Antimons gefunden werden.

Auch die Trennung von Wismut und Antimon wurde versucht und dabei für Wismut gute, für Antimon viel zu niedrige Werte beim Eluieren mit saurer Reagenslösung erhalten.

Aus diesem Grunde wurde das Eluierungsmittel geändert. Mit reiner 2 n NaOH (s. E. BLASIUS 1958) war Antimon nicht zu eluieren, jedoch gelang dies mit alkalischer statt mit saurer Reagenslösung mit einem verhältnismäßig kleinen Eluiervolumen (vgl. Tab. 11). Die eluierte Lösung wurde in Maßkolben zu 250 ml Volumen aufgefangen; die Aufgabe betrug 15 mg Sb, die mit 400 ml eluiert werden konnten. Das abfließende Eluat ist farblos und muß durch Abnahme eines Aliquots in einen Kolben zu 250 ml und Umsetzung mit Schwefelsäure (wie bereits auf S. 246 beschrieben) in den farbigen Komplex übergeführt werden. Die Auswertung erfolgt nach einer entsprechend aufgenommenen Kurve (Tab. 10).

Die Eluierung mit 1 n NaOH, 10%ig an ThH, 10%ig an KJ, gelingt bei einer Aufgabe von 15 mg Sb mit einem Eluiervolumen von 1000 ml, beansprucht also ein ungleich größeres Eluiervolumen bei gleicher Aufgabe als eine 2 n NaOH-ThH-KJ-Lösung. Verschiedene weitere Variationen des alkalischen Eluierungsmittels in bezug auf die Konzentration der Reagenspartner erwiesen sich als ungeeignet; es wurde trotz stark erhöhtem Eluiervolumen stets zu wenig Antimon gefunden. 2 n NaOH, 10%ig an ThH und 10%ig an KJ, eluiert 15 mg Sb sicher mit 500 ml, wie Tab. 11 zeigt.

Tab. 11. Eluierung des Antimons als Antimon-Thioharnstoff-Komplex vom Wofatit L 150

Nr.	ml Sb gegeb.	mg Sb	mg Sb gef.	Fraktionen ml	% Absorption üb. AT.
1	0,2	0,30	0,24	1 · 250	4
2	0,2	0,30	0,27	1 · 250	4,5
3	1,0	1,52	1,43	3 · 250	11+10+1
4	1,0	1,52	1,49	3 · 250	14+4+0,5
5	2,0	3,04	3,04	3 · 250	25+4+0
6	2,0	3,04	3,04	3 · 250	26+0+0

Von jeder 250-ml-Fraktion wurden 100 ml entnommen und in einem 250-ml-Kolben mit H_2SO_4 1 : 1 angesäuert, erhitzt zur Lösung von Sb_2S_3 und nach Abkühlen mit neutralem Reagens aufgefüllt. Dann wurde ein Vorlauf und schließlich in die Küvette filtriert. Bei hohen Gehalten wurde halbiert, die Reagenskonzentration wiederhergestellt und gemessen.

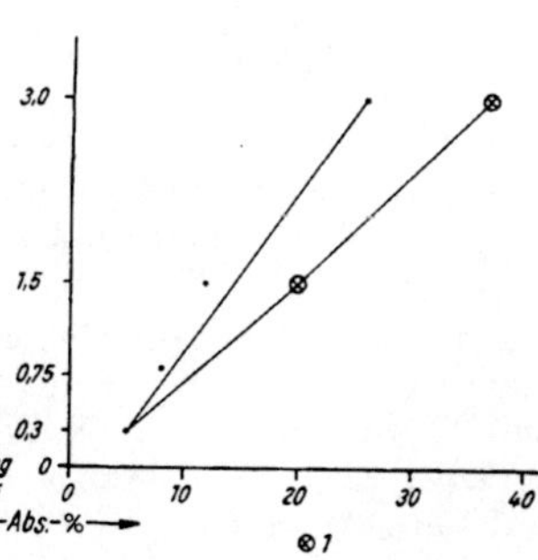

Abb. 3. Antimoneichkurve des Antimon-Thioharnstoff-Jodid-Komplexes, Auffüllung: 250 ml

1 – halbiert, zwei Meßwerte von 2 mal 100 ml Lösung addiert

Tab. 12. Trennung von Wismut und Antimon über Wofatit L 150

Nr.	gegeben		gefunden		% Abs.	
	mg Sb	mg Bi	mg Sb	mg Bi	Bi üb. AT.	Bi dir.
1	0,65	0,45	n. b.	0,40	9; 9; 5	10
2	1,30	0,9	,,	0,85	15; 15	16,5
3	1,95	1,35	,,	1,25	17; 19	21
4	2,6	1,8	,,	1,70	22; 23	24
5	15,25	1,08	15,0	n. b.		
6	15,25	10,8	15,0	10,8		
7	15,25	21,6	14,5	22,5		
8	7,62	1,1	5,5	1,0		
9	15,25	1,1	17,1	1,0		

Nachdem die Eluierung des Antimons erfolgreich durchgeführt werden konnte, wurde noch die Trennung von Wismut und Antimon (s. A. ELKIND, K. H. GEYER & D. F. BOLTZ 1953; M. FUJIMOTO 1957; G. W. C. MILNER & J. W. EDWARDS 1958) über Wofatit L 150, die schon versucht worden war (S. 245), fortgesetzt. In Tab. 12 sind die Ergebnisse dieser Trennung dargestellt.

Bei den Versuchen 1—4 wurde Antimon noch mit saurem Reagens eluiert, ab Versuch 5 jedoch mit alkalischer Lösung in je zwei Fraktionen zu 250 ml, die einzeln ausgewertet wurden, so daß diese Arbeitsweise der Kurvenaufnahme entspricht.

Arbeitsvorschrift für die Bestimmung von Wismut und Antimon über Wofatit L 150

Über den mit 2,5 m HCl beladenen Wofatit L 150 (Korngröße 0,20—0,30 mm) in einer Bürette zu 50 ml wird eine Analysenlösung, die 2,5 m salzsauer ist, aufgegeben. Mit 300 ml 2,5 m HCl wird gewaschen und der Durchlauf zur weiteren Bearbeitung (Kupfer u. a.) aufbewahrt.

Mit 0,3 m HCl wird nun Zink (H. UNGETHÜM 1956), evtl. auch Zinn (falls es nicht beim Aufschluß im Löserückstand verbleibt oder dabei verflüchtigt wird), in Kolben zu 500 ml Volumen eluiert. Abnahmen davon werden mit ÄDTA titriert. Blei wird mit 0,03 m HCl in einen Kolben zu 500 ml eluiert, und Abnahmen davon werden mit ÄDTA titriert.

Anschließend wird Wismut mit 10%iger ThH-Lösung bis zur Farblosigkeit des Eluats herausgelöst und in einen geeigneten Maßkolben übergeführt, mit ThH-Lösung aufgefüllt und kolorimetriert oder bei hohen Gehalten mit ÄDTA unter Benutzung von Brenzcatechinviolett (G. SCHWARZENBACH 1956) titriert.

Antimon wird anschließend mit alkalischer ThH-KJ-Lösung (2 n NaOH, 10%ig an ThH, 10%ig an KJ) eluiert und in Kolben zu 250 ml aufgefangen. Es werden 1—2 Fraktionen zu 250 bzw. eine zu 500 ml eluiert, von denen 100 ml in einen Kolben zu 250 ml abgenommen werden. Nach Zusatz von 20 ml H_2SO_4 1 : 1 wird erwärmt und Sb_2S_3 durch weiteres Erwärmen gelöst. Nach dem Abkühlen (Zimmertemperatur) wird dann mit neutralem Reagens (10%ig an ThH, 10%ig an KJ) aufgefüllt. Nach Filtration eines Vorlaufs wird in trockene Küvetten filtriert und gemessen.

Nach diesem Trennverfahren über Wofatit L 150 erfolgte die Bestimmung von Wismut in Bleiglanzen (einige Hundertstel bis Tausendstel %), in Zinn-Wolfram-Konzentraten mit 3—4% Bi und in Freiberger Konzentraten mit einigen Zehntel % Bi. Anschließend wurde Antimon eluiert und bestimmt.

Eluierung des Antimons mit alkalischer Thioacetamidlösung

Versuche zur Eluierung des Antimons mit alkalischer Thioacetamidlösung (2 n NaOH, 2%ig an Thioacetamid) wurden ebenfalls durchgeführt. Antimon sollte dabei als Sulfosalz in Lösung gehen. Zunächst wird tatsächlich Antimon vom AT. abgelöst, aber durch das Vorhandensein von HCl in der Säule als Sb_2S_3 gefällt, das bei weiterem Eluieren wieder in Lösung geht. Es fließt ein farbloses Eluat ab, aus dem Antimon, wie oben beschrieben, kolorimetrisch oder auch nach einem anderen Verfahren bestimmt werden kann.

Die Regenerierung der Säulen

Nach dem Eluieren von Wismut ist der AT. mit ThH beladen, der vor einer neuen Analysenaufgabe mit $FeCl_3$-Lösung ausgewaschen werden muß. Dabei bildet sich ein Eisenthioharnstoffkomplex, der als rotbraune Lösung abfließt. Ohne diese Regenerierung entsteht der Komplex sonst gleich bei Aufgabe einer eisenhaltigen Analysenlösung. Es muß so lange mit kleinen Portionen $FeCl_3$-Lösung gewaschen werden, bis reine $FeCl_3$-Lösung abfließt. Diese wiederum muß mit 2,5 m HCl herausgewaschen werden, bis die Säule eisenfrei geworden ist. Damit ist sie wieder betriebsfertig.

Wurde nach dem Wismut auch noch Antimon eluiert, so ist der AT. zusätzlich noch mit Jodid beladen. Die Regenerierung erfordert dann noch mehr Chemikalien und Zeit, als dies beim Reinigen der Säule nach der Wismuteluierung der Fall ist, so daß man schneller mit einer neuen Füllung der Säule vorankommt. Auch nach der Wismuteluierung wird die Säule meist neu gefüllt statt, wie oben vorgeschlagen, regeneriert.

Zusammenfassung

Die beschriebenen Versuche klärten das Verhalten von Sn, Ti, Bi und Sb unter bestimmten Bedingungen am Wofatit L 150.

Ti gelangt im Bereich einer Molarität von 2,5 bis 9 m HCl der Aufgabenlösung in den Durchlauf, stört also die Eluierung von Sn, Zn, Pb, Bi und Sb nicht. Bi läßt sich mit 10%iger Thioharnstofflösung quantitativ eluieren und fällt in leicht bestimmbarer Form an. Entweder kann es sofort photometriert oder mit ÄDTA-Lösung tritriert werden. Antimon kann mit alkalischer Thioharnstoff-Kaliumjodid-Lösung eluiert und nach Ansäuern und Lösen des ausgefallenen Sb_2S_3 photometriert werden. An Stelle von Thioharnstoff-Kaliumjodid in alkalischer Lösung läßt sich auch alkalische Thioacetamidlösung als Eluant verwenden.

Die Trennung von Bi und Sb gelang auf diese Weise, so daß gleichzeitig ein neues bequemes Verfahren für die Wismut-Antimon-Trennung zur Verfügung steht. Gleichzeitig findet eine Trennung von As, Sn, Sb ohne Anwendung des Schwefelwasserstoffverfahrens oder des Destillationsverfahrens statt.

Da es schwierig ist, viel Pb von geringen Mengen Bi zu trennen, erwies sich diese Methode der Bestimmung des Bi in Bleiglanzen als besonders vorteilhaft. Die vorausgehende Eluierung des Pb ist nicht erforderlich, da Pb mit Thioharnstofflösung einen farblosen Komplex bildet. Nur die Aufgabe-HCl, 2,5 m, muß durch 0,03 m HCl verdrängt werden. Besonders hervorzuheben ist die Ausschaltung der lästigen und langwierigen Schwefelwasserstoffverfahren, was bereits für die Kupferschieferanalyse nach H. UNGETHÜM gilt.

Резюме

Описанные опыты привели к выяснению поведения олова, титана, висмута и сурьмы в определенных условиях на Вофатите Л 150.

При HCl-молекулярной концентрации 2,5—9 заданного раствора титан не мешает промывке олова, цинка, свинца, висмута и сурьмы; висмут можно качественно промывать 10%-ным раствором тиомочевины; он получается в легко определяемой форме. Его можно сейчас же фотометрировать или титрировать с раствором ЭДТА. Сурьма может быть промыта щелочным раствором тиомочевины—иодистого калия и фотометрирована после подкисления и растворения выпавшего Sb_2S_3. Вместо тиомочевины-иодистого калия в щелочном растворе можно и использовать щелочный раствор тиоацетамида.

Таким образом удалось успешно отделить сурьму от висмута, так что имеется новый удобный метод для названного разделения. Одновременно осуществляется отделение мышьяка, олова и сурьмы без использования метода сероводорода или метода дестилляции.

В связи со сложным отделением крупных количеств свинца от малых количеств висмута описанный метод определения висмута в галенитах оказался особенно выгодным. Предшествующая промывка свинца не является необходимой, так как свинец с раствором тиомочевин образует бесцветный комплекс. Надо лишь замещать заданную молекулярную концентрацию 2,5 НС с 0,03 HCl. Следует особенно отметить избежание громоздких и неудобных способов с сероводородом; это избежание осуществляется уже при анализах медного сланца по УНГЕТЮМу.

Summary

The behaviour of tin, titanium, bismuth and antimony under certain conditions is explained by tests carried out with Wofatit L 150 and is described in the present article.

Titanium circulates in a molarity range of 2.5 to 9 m HCl of the feed solution, therefore does not interfere with the elution of tin, zinc, lead, bismuth and antimony. Bismuth can be quantitatively eluted with a solution containing 10 p. c. thiourea, and is available in an easily ascertainable form. It can be either submitted to an immediate photometric determination, or to a titration using EDTA solution. Antimony can be eluted with alkaline thiourea-KJ solution and determined photometrically subsequent to acidulation and dissolution of the precipitated Sb_2S_3. Alkaline thioacetoamide solution can also be used as an eluting agent instead of alkaline thiourea-KJ solution.

In this way the separation of bismuth and antimony was successfully carried out, a new convenient method for the separation of bismuth and antimony thus being simultaneously available. At the same time a separation of arsenic, tin and antimony takes place without using the hydrogen sulphide or distillation methods.

As the separation of a great quantity of lead from small amounts of bismuth is difficult to practise, this method of determining bismuth in galenas has proved itself particularly advantageous. A preceding elution of lead is unnecessary, because it forms with thiourea solution a colourless complex. Only the 2.5 m HCl feed must be displaced by 0.03 m HCl. The elimination of the inconvenient and time-consuming hydrogen sulphide method is particularly emphasized, which is already valid for the analysis of copper-shale according to H. Ungethüm.

Literatur

Berg, R.: Die Anwendung des O-Oxychinolins in der chemischen Analyse. – Bd. 34 der Sammlung: Die chemische Analyse, Verlag Enke, Stuttgart 1938.

Blasius, E.: Chromatographische Methoden in der analytischen und präparativen Chemie. – Bd. 46 der Sammlung: Die Chemische Analyse, Verlag Enke, Stuttgart 1958.

Bussew, A. I.: Der heutige Stand kolorimetrischer und nephelometrischer Methoden zur Wismutbestimmung. – Chem. Technik, 5, 243–251 (1953).

Elkind, A., K. H. Geyer & D. F. Boltz: Ultraviolet Spectrophotometric Determination of Antimony as Jodoantimonous Acid. – Analyt. Chem. **25**, **1744** (1953).

Finkelstein, D. N. & G. N. Krujuckova: Die photocolorimetrische Antimonbestimmung nach dem Jodid-Thioharnstoffverfahren. – Ž. anal. Chem., **9**, 150–154 (1954); Ref. in Z. anal. Chem., **145**, 67 (1955).

Fujimoto, M.: Über den Austausch von Wismut am Kationsaustauscher. – Z. anal. Chem., **159**, 63 (1957/58); Ref. aus: Bull. chem Soc. Japan, **30**, 83 (1957).

Griessbach, R.: Über die Herstellung und Anwendung neuerer Austauschadsorbentien, insbesondere auf Harzbasis (Auszug). – Angew. Chem., **52**, 215–219 (1939).

– Austauschadsorption in Theorie und Praxis. – Akademie-Verlag, Berlin 1957.

Grosheim-Grysko, K. W.: Photometrische Wismutbestimmung. – Z. anal. Chem., **121**, 399–402 (1941).

Hein, F.: Chemische Koordinationslehre. – Verlag S. Hirzel, Leipzig 1950.

Jentsch, D.: Anwendung von Ionenaustauschern in der analytischen Chemie, V. Mitt. – Z. anal. Chem., **148**, 321–324 (1955/56); VI. Mitt. – Z. anal. Chem., **148**, 325–333 (1955–56); VII. Mitt. – Z. anal. Chem., **150**, 241–250 (1956); VIII. Mitt. – Z. anal. Chem., **152**, 134–146 (1956).

Jentsch, D. & I. Frotscher: Anwendung von Ionenaustauschern in der analytischen Chemie, II. Mitt. – Z. anal. Chem., **144**, 17–25 (1955).

Jentsch, D. & I. Pawlick: Anwendung von Ionenaustauschern in der analytischen Chemie, III. Mitt. – Z. anal. Chem., **146**, 88–102 (1955).

– Anwendung von Ionenaustauschern in der analytischen Chemie, IV. Mitt. – Z. anal. Chem., **147**, 20–23 (1955).

Lange, B.: Kolorimetrische Analyse. – Verlag Chemie, Weinheim 1952.

Leutwein, F.: Über die photometrische Bestimmung von Wismut in Erzen und Aufbereitungsprodukten. – Beih. z. Z. Vereins Deutscher Chemiker; A: „Die Chemie“ und B: „Die chemische Fabrik“, Nr. 48, Verlag Chemie, Berlin 1944, S. 110.

Lisicki, N. M. & D. F. Boltz: Ultraviolet Spectrophotometric Determination of Bismuth by Jodide and Thiourea Methods. – Analyt. Chem., **27**, 1722 (1955).

Milner, G. W. C. & J. W. Edwards: Abtrennung von Wismut mittels Anionenaustauscher. – Anal. chim. Acta (Amsterdam), **17**, 259–263 (1957); Ref. Z. anal. Chem., **161**, 387 (1958).

Müller, H.: Die Erzgänge des Freiberger Reviers, Erläuterungen zur Geologischen Spezialkarte des Königreiches Sachsen. – Leipzig 1901.

Nielsch, W. & G. Boltz: Die photometrische Bestimmung des Wismuts mit Thioharnstoff, I. Mitt. – Z. anal. Chem., **142**, 321 (1954).; II. Mitt. – Z. anal. Chem., **143**, 13 (1954).

Samuelson, O.: Ionenaustauscher in der analytischen Chemie. – Verlag Almquist und Wiksell, Stockholm; John Wiley & Sons, Inc., New York 1952.

Schwarzenbach, G.: Die komplexometrische Titration, Bd. 45 der Sammlung: Die Chemische Analyse. – Verlag Enke, Stuttgart 1956, S. 41, S. 88.

Ungethüm, H.: Über die Ionenaustauscher, ein neueres Hilfsmittel in der analytischen Chemie. – Z. angew. Geol., **2**, 264–267 (1956).

Wohlmann, E.: Zinnbestimmung durch Titration mit Methylenblau. – Z. anal. Chem., **122**, 161 (1941).

– Beiträge zur Silicatanalyse; Eisen- und Titanbestimmung durch Titration. – Z. anal. Chem., **142**, 89 (1954).

Zajkovskij, F. V.: Ein colorimetrisches Mikroverfahren zur Bestimmung des Antimons als Jodid-Thioharnstoffkomplex. – Ž. anal. Chem., **9**, 155–161 (1954); Ž. anal. Chem, **145**, 67 (1955).

Anonym: Analyse der Metalle, Bd. 2, Betriebsverfahren. – Springer-Verlag, Berlin–Göttingen–Heidelberg 1953.

Die Entwicklung der Gneise und Granite in Südschweden

Bericht von der Exkursion A 28 (C 23) zum XXI. Internationalen Geologenkongreß Norden, 1960

Günter Möbus, Berlin

Wie entsteht ein Granit? Das ist eine Frage, zu der die Teilnehmer an der Exkursion durch Südschweden (Abb. 1) in einem Zeitraum von 13 Tagen in 83 Aufschlüssen unter der Führung von Prof. S. Gavelin und Doz. P. H. Lundegårdh eigene Beobachtungen sammeln und mit führenden Fachkollegen im Gelände, im Bus, im Boot und beim gemeinsamen Essen diskutieren konnten. Aus der Fülle des in „beautiful outcrops“ Gebotenen sei hier eine kurze allgemeine Übersicht gegeben.

Das schwedische Proterozoikum wird heutzutage in drei Ären gegliedert: die svekofennidische ($\geq$ 1700 Mill. Jahre), die gothidische (1700—1200 Mill. Jahre) und die karelidische (1200—900 Mill. Jahre) Ära.

Svekofenniden. Die ältesten Gesteine Südschwedens gehören zur Leptit-Hälleflint-Serie[1]), die in der Hauptsache aus vulkanischen Effusivgesteinen mit metarhyolitischem Charakter und deren Tuffen besteht

[1]) Leptit = völlig rekristallisierte saure Vulkanite oder mechanische Sedimente, z. T. mylonitisiert; mit granoblastischer Textur und Korngrößen zwischen 0,05 und 1 mm.

Hälleflint = mäßig veränderte aphanitische Vulkanite, besonders Quarzporphyre, z. T. mylonitisiert; mit Korngrößen (ausgenommen der Phenokristen und Porphyroblasten) unter 0,05 mm.

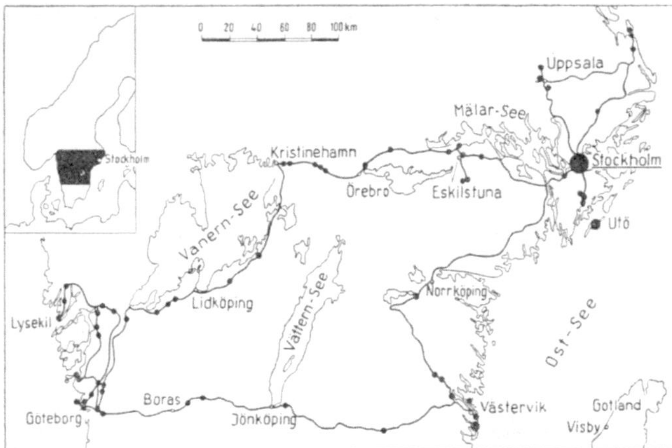

Abb. 1. Exkursionsroute. Die Lage der besuchten Aufschlüsse ist durch schwarze Kreise angegeben, wobei mehrere nahe beieinander liegende Aufschlüsse durch einen entsprechend größeren Kreis dargestellt wurden.

und nur untergeordnet Kalke und Eisenerze enthält. In Konglomeraten dieser Serie belegen vereinzelte Granitgerölle einen vorsvekofennidischen Plutonismus.

Während der svekofennidischen Gebirgsbildung rekristallisierte die Vulkanitserie, und aus den superkrustalen Gesteinen entstanden durch Feldspatneubildungen und Quarzausscheidungen mehr oder weniger granitisch zusammengesetzte Gesteine mit oft deutlich gneisartiger Textur und Quarz-Feldspatadern (Leptitgneise). In den Gneisen sind häufig Lagen oder Linsen von Metabasiten eingeschaltet, die wahrscheinlich ursprünglich als Lagergänge vorgelegen haben.

Die Kalke der Leptitserie rekristallisierten bei der Metamorphose zu grobkörnigen Marmoren, oder sie bilden die Grundlage für die Entstehung von Skarnen mit den Hauptmineralien Diopsid, Hornblende und Epidot. Gebänderte Eisenerze, die in niedrig metamorpher Ausbildung als Jaspis-Hämatitlagen entwickelt sind, werden zu einem grauen Gestein, in dem Quarz und Magnetit miteinander wechsellagern.

Bei fortschreitender Metamorphose entstehen aus den Leptiten und deren Begleitgesteinen durch Homogenisierung die primorogenen (synkinematischen) Granodiorite und Granite, die z. B. im Norden von Stockholm weit verbreitet sind (Tab. 1).

Südlich von Stockholm und in der Umgebung der Stadt herrschen Gneise vor, die vorzugsweise aus einer Grauwackensedimentationsfolge abzuleiten sind, die zu der zeitlich etwas jüngeren Mälar-Serie gehört, in der neben den vorherrschenden Grauwackengesteinen auch Quarzite sowie Vulkanite mit dazitischer und andesitischer Zusammensetzung auftreten. Eisenerze fehlen. In manchen Gebieten sind die primären Sedimentstrukturen in der Wechsellagerung von sandigen und tonigen Lagen als Kreuzschichtung oder gradierte Schichtung deutlich erhalten geblieben (Abb. 2). Auch schmale intraformationelle Konglomeratlinsen kommen vor. Bei ansteigender, meist isochemisch verlaufender Metamorphose bilden sich Andalusit, Cordierit und Almandin neu. In diesem Stadium ist die Mälar-Serie bereits stark isoklinal verfaltet. Bei weiter fortschreitender Metamorphose und steigendem Streß kommt es zur Entstehung geaderter, z. T. gebänderter grauer Glimmer-,

Abb. 2. Grauwackenserie mit einer Wechselfolge von sandigen und tonigen Lagen. — Insel Utö, südöstlich von Stockholm

Tab. 1. Die svekofennidische Entwicklung (vereinfacht dargestellt)

Jung-Svekofenniden (Late Svecof.)	Migmatisierung	Serorogene Entwicklung	Pegmatite Serorogene Intrusiva (Granite), Pegmatitadern- sowie Porphyroblastenbildung in älteren Gesteinen
	Vulkanismus Kluftbildung	Intraorogene Periode	Metabasite
Mittlere Svekofenniden (Middle Svekof.)	Abklingen der tektonischen Bewegungen Starke tektonische und magmatische Tätigkeit	Primorogene Entwicklung	Primorogene Intrusiva (Tonalite, Granodiorite, Granite) Veränderungen der superkrustalen Gesteine (Leptit-Hälleflint-Serie, Mälar-Serie) zu Gneisen
Alt-Svekofenniden (Old Svecof.)	Beginn der tektonischen Bewegungen Starker Vulkanimus		Mälar-Serie (Grauwackensedimente, ferner Quarzite und Vulkanite) Leptit-Hälleflint-Serie (Vulkanite, ferner chemische und mechanische Sedimente)

Granat- und Granat-Cordierit-Sillimanitgneise. Pegmatite sind selten. Vorherrschend sind durch Homogenisierung aus den Grauwacken entstandene primorogene Intrusivgesteine mit mittelkörniger Struktur und tonalitischer, granodioritischer oder granitischer Zusammensetzung. Häufige Einschlüsse von basischen Gesteinen zeigen an, daß die Ausgangsgesteine von basischen Gängen (Metabasiten) durchsetzt wurden.

Die Entstehung der Leptit- und Grauwackengneise ist mit den ältesten Bewegungen der svekofennidischen Gebirgsbildung in Zusammenhang zu bringen. Die Strukturen, die dabei entstanden, werden diskordant von den Metabasitgängen der intraorogenen Periode (s. Tab. 1) durchsetzt, die selbst wiederum in der serorogenen Entwicklungsphase deformiert wurden.

Diese jüngsten Bewegungen enden mit der Platznahme der serorogenen Granite, zu denen z. B. der Stockholm-Granit gehört. Diese spät- und postkinematischen Granite sind meist grau und feinkörnig, haben jedoch oft eine porphyrische Tendenz. Charakteristisch ist, daß sie meist mit Pegmatiten zusammen vorkommen, die einfach zusammengesetzt sind (Plagioklas, Mikroklin, Biotit) und nur selten andere Minerale führen (z. B. Lithiumpegmatite von Utö). Häufig ist zu beobachten, daß die Granite eine oder mehrere ältere Pegmatitgenerationen durchsetzen, während die jüngsten Pegmatitgänge deutlich postkinematisch sind. Die Pegmatitbildung vollzog sich somit während eines längeren Zeitraums (Abb. 3). Auch die Entstehung von Pegmatitadern sowie von Porphyroblasten in den älteren Gneisen scheint an dieses serorogene Stadium geknüpft zu sein, das mit einer starken Migmatisierung (Kalifeldspatmetasomatose) begann. Die migmatisierten Anteile wandern in s-Flächenbereiche ein und bilden in den Leptitgneisen rote oder rötliche und in den Grauwackengneisen graue oder weiße Adern. Vergneisung und Aderbildung gehören somit in zwei verschiedene Phasen einer Gebirgsbildung. Hochmobilisierte migmatisierte Anteile des alten Grundgebirges sind es, die mobilisiert als serorogene Granite und Pegmatite in höhere Bereiche eindringen (s. o.). Im allgemeinen werden die Leptite und deren Granitisierungsprodukte (primorogene Intrusiva) nur regeneriert und zeigen bei schwachen, noch kenntlichen primorogenen Strukturen eine kräftige serorogen entstandene rötliche Mikroklin-Porphyroblastenbildung.

Ausgedehnte Gebiete nördlich von Stockholm gleichen einer riesigen Intrusionsbrekzie der serorogenen Granite. Gneisblöcke von großen Ausmaßen liegen im Granit und sind oft auf kürzeste Entfernung bis zu 90° gegeneinander verstellt. In anderen Fällen wiederum haben die Xenolithe kaum Lageveränderungen erfahren.

Gothiden. Im Gebiet von Västervik, südlich von Stockholm, bestehen die gothidischen Sedimente aus sehr reinen und mächtigen Quarziten (Orthoquarzite). Oft sind Schichtung, Kreuzschichtung und gradierte Schichtung sowie Rippelmarken noch deutlich zu erkennen. Zusammen mit diesen Gesteinen erscheinen sehr häufig Amphibolite, die ursprünglich wohl als intrusive Gänge (diskordante Gänge oder Lagergänge), z. T. auch als Effusivgesteine und deren Tuffe vorgelegen haben (Tab. 2). Die Sedimentation besitzt geosynklinalen Charakter.

Zu Beginn der gothidischen Orogenese entstanden Antiklinalen und Synklinalen, die im weiteren Verlauf

Tab. 2. Die gothidische Entwicklung (Late Gothiden) (vereinfacht dargestellt)

Spät-Gothiden (Late Goth.)	Migmatisierung	Serorogene Intrusiva (saure Granite und Pegmatite), Porphyroblastenbildung in älteren Gesteinen
	Abklingen der tektonischen Tätigkeit	Mikroklingranite
	Starke tektonische Tätigkeit (besonders Scherbewegungen und Boudinagen)	Primorogene Intrusiva (Diorite, Tonalite, Granodiorite, Granite) Veränderungen der superkrustalen Gesteine zu Gneisen
	Beginn der tektonischen Tätigkeit	Sedimentäre Gesteine (hauptsächlich Quarzite) und Vulkanite

einer thermischen und metasomatischen Metamorphose ausgesetzt waren. Besonders charakteristisch sind intensive Scherbewegungen. Während dieser Bewegungen, die mit Boudinagen verbunden sind, reagieren nichtkompetente Gesteine, z. B. tonhaltige Gesteine, durch Fließen, während hochkompetente Glieder, zu denen vorzugsweise Quarzite und Amphibolite gehören, zerbrechen und als Bruchstücke von der Bewegung rotiert werden. Zum Teil sind sehr deutlich metabasitische Gänge zu erkennen, die durch Boudinagen auseinandergerissen und auseinandergedriftet sind und nun als Linsen erscheinen, deren Erstreckung noch die ursprüngliche Richtung des Ganges anzeigt.

Zwischen Quarziten und Amphiboliten besteht in ihrem tektonischen Verhalten ein gradueller Unterschied insofern, als die Quarzite plastischer reagieren als die Amphibolite und in Rupturen der basischen Gesteine eindringen. Diese Quarziteinpressungen in Amphibolite erhalten durch Neubildung von Plagioklasen, die idiomorphe Blasten oder mehr feinkörnige Aggregate bilden, ein pegmatitähnliches Aussehen. Der Anorthitgehalt der Plagioklase in den Adern ist sehr verschieden und scheint von örtlichen Verhältnissen abzuhängen (Abb. 4). Der Plagioklas der Quarzitteile, die sich in den Amphibolit einzupressen beginnen, ist deutlich anorthitärmer. Das bedeutet — als Reaktion zwischen Quarzit und Amphibolit —, daß Natrium schneller bzw. weiter wandert als Kalzium. Wenn Kalifeldspat in dem unmobilisierten Quarzit vorhanden ist, scheint dieser durch Kalzium bei der Feldspatisation verdrängt zu werden. Granitische und ähnliche Gesteine, auf die diese Feldspatbildung zurückgeführt werden könnte, sind in der

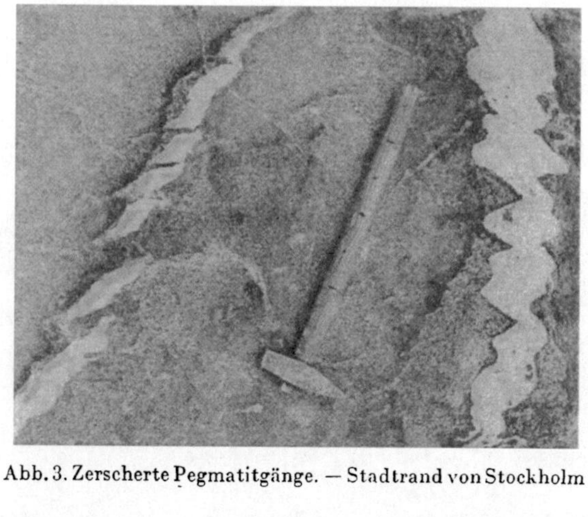

Abb. 3. Zerscherte Pegmatitgänge. — Stadtrand von Stockholm

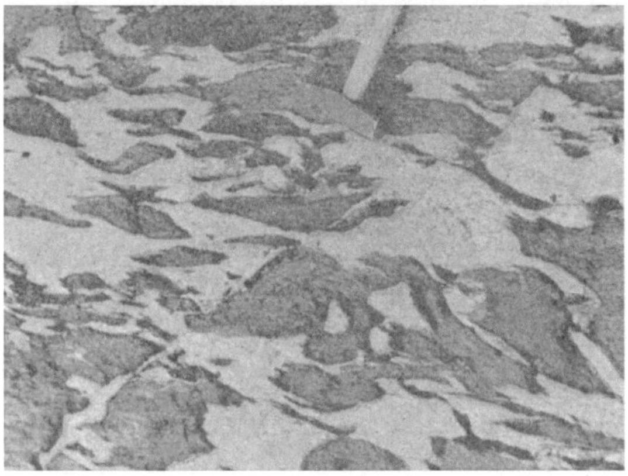

Abb. 4. Feldspatisierte Quarzitanteile, die in einen Metabasitkörper bei Scherbewegungen eingepreßt sind. — Schäre Lökholmen, südöstlich von Västervik

Nähe dieser Umbildungen nirgends vorhanden, so daß es sich um eine rein lokale Austauschmetamorphose durch intergranulare Diffusion handelt, die jedoch ein hochmobiles Stadium voraussetzt. Eine regionale Feldspatisation fehlt meist in diesem Bereich, und wo sie vorhanden ist, handelt es sich um eine ausgesprochene Kalifeldspatneusprossung.

Zu Beginn der orogenetischen Bewegungen, die im weiteren Verlauf zur Granitbildung und Intrusion führten, bildeten sich in den Sedimenten — wie bei der svekofennidischen Gebirgsbildung — Andalusit, Cordierit und Sillimanit. In einem fortgeschritteneren Stadium entstehen, verbunden mit Scherbewegungen, Adergneise. Die Entwicklung der Aderstruktur in einem Gestein, das aus einer Wechsellagerung von sandigen und tonigen Lagen besteht, beginnt in den tonigen Lagen. Wo rein sandige Lagen als Einlagerungen vorhanden sind, widerstehen diese der Granitisation und zeigen zum Teil keine anderen Anzeichen einer Metamorphose als eine intensive Rekristallisation. In einigen Aufschlüssen ist ferner zu erkennen, daß die aus Grauwackensedimenten entstandenen Adergneise bereits hochmobil waren und mit plastischer Faltung reagierten, während die Quarzite — das gilt auch für die Amphibolite — noch Bruch- und Linsenbildung zeigen.

Im Bereich der gothidischen Gebirgsbildung sind ferner Übergänge von Sedimenten mit sichtbaren primären Texturen in richtungslos körnige granitische Gesteine zu beobachten, die am Ende der Orogenese mobilisiert als postkinematische Granite diskordant die älteren Bildungen durchsetzen. Mehr oder weniger stark granitisierte Reste von Quarziten und Amphiboliten sind in diesen Graniten als Xenolithe zu finden. Diese Einschlüsse werden von megaskopisch sichtbaren Reaktionszonen umgeben. Die Stoffaustauschvorgänge vollziehen sich hauptsächlich bei den Elementen, die zwischen Einschluß und Granit die größten quantitativen Unterschiede aufweisen.

Die jüngsten Granite des südschwedischen Grundgebirges sind deutlich postkinematisch. Zu ihnen gehört z. B. der palingene Bohus-Granit nördlich von Göteborg, der in das Dalslandian gestellt wird. Die von ihm durchdrungenen Dalslandian-Sedimente — hauptsächlich Quarzite, daneben auch tonige Gesteine — sind die jüngsten sedimentären archäischen Gesteine.

Auf Grund der Exkursionserfahrungen lassen sich viele Ähnlichkeiten und Vergleiche mit Gneisen und Graniten Mitteleuropas finden, das gilt z. B. auch für das Lausitzer Grundgebirge.

Die Nordlausitzer Grauwacke — eine sehr einförmig zusammengesetzte und mächtige Gesteinsserie — ist zu Beginn der variszischen Gebirgsbildung in gefaltetem Zustand durch thermische Metamorphose in situ zum Lausitzer Zweiglimmergranodiorit granitisiert worden. In einem späteren Stadium (Phase) derselben Gebirgsbildung wurde die in tieferen Bereichen völlig homogenisierte Lausitzer Grauwacke als palingener Lausitzer Granodiorit reomorph und drang diskordant in die Hüllgesteine ein. Die Stockgranite der Lausitz sind spätkinematisch und zeigen auch hier ein deutliches Vorherrschen von Kalifeldspat.

Präquartäre Mikropaläontologie

Bericht über die Vorträge der Sektion 6 zum XXI. Internationalen Geologenkongreß Norden, 1960

Hellmut E. Hausmann, Halle (Saale)

Die insgesamt 16 Vorträge der Sektion 6 standen unter der Leitung von F. Brotzen, M. F. Glaessner, I. Hessland, H. Hiltermann, R. A. Reyment.

Schon bei der Betrachtung der Themenstellung der 16 Vorträge wird man auf eine Tendenz aufmerksam, die sich in den letzten Jahren in der Entwicklung der Mikropaläontologie angebahnt hat und sich aller Voraussicht nach auch weiterhin noch verstärken wird: nämlich die Tendenz, die Organismengruppen stark zu beachten, die z. T. zwar schon länger bekannt sind, aber bisher noch wenig für stratigraphische Zwecke benutzt wurden. So befaßten sich nur sechs Vorträge mit Foraminiferen, drei mit Ostracoden, mit Radiolarien, Conodonten, Flagellaten und Algen je ein Vortrag. Die restlichen drei Beiträge behandelten kombinierte Methoden, die zwei oder mehr verschiedene Organismengruppen zugleich berücksichtigen. Auch in den Diskussionen zu den Vorträgen und in Gesprächen, die im Anschluß an die Sitzungen vielfach noch stattfanden, wurde immer wieder auf die Wichtigkeit der Erforschung stratigraphischer Verwendungsmöglichkeiten von Organismengruppen hingewiesen, die uns auch noch dort, wo Foraminiferen und Ostracoden nicht vorhanden sind, eine Zeiteinstufung ermöglichen.

Besondere Bedeutung kommt dabei den Pollen und Sporen zu, die bislang vorwiegend im Pleistozän und Tertiär benutzt wurden, sich aber wahrscheinlich auch im Prätertiär als sehr brauchbar erweisen werden. Weiterhin wurde dem kombinierten Arbeiten mit mehreren verschiedenen Organismengruppen größere Beachtung geschenkt. Durch Einbeziehung sedimentpetrographischer bzw. schwermineralanalytischer Untersuchungen dürften beträchtliche weitere Fortschritte zu erzielen sein. Dies gilt ganz besonders auch für ökologische und paläogeographische Problemstellungen.

Eine ausführliche Besprechung der einzelnen Vorträge erübrigt sich, da diese ebenso wie auch alle anderen Vorträge des Kongresses bereits gedruckt vorliegen. Nur die Problemstellung der einzelnen Beiträge soll hier angedeutet werden. Es sei noch erwähnt, daß der überwiegende Teil der Vorträge in englischer Sprache vorgetragen und veröffentlicht wurde. Auch in den Diskussionen wurde überwiegend die englische Sprache benutzt.

REYMENT, R. A.: Notes on the Study of Evolutionary Changes in Ostracods

Evolutionäre Veränderungen sind bei fossilen Ostracoden oft so gering, daß sie bei Anwendung der üblichen Methoden unerkannt bleiben. An Hand von zwei Beispielen wird demonstriert, wie durch die Anwendung moderner variationsstatistischer Methoden auch diese kleinen Veränderungen erfaßt werden können. Das eine Beispiel analysiert solche Veränderungen innerhalb der Ostracodenart *Buntonia* (*Protobuntonia*) *ioruba* REYMENT im Zeitraum vom Oberen Maastricht bis zum Mittleren Paläozän. Das andere Beispiel befaßt sich mit der Entwicklung von *Buntonia* (*Protobuntonia*) *ioruba* REYMENT in *Buntonia* (*Buntonia*) *beninensis* REYMENT während des Mittleren und bis zum Oberen Paläozän. Durch die Untersuchungen ergab sich eine verbesserte stratigraphische Anwendbarkeit der untersuchten Formen.

GREKOFF, N.: Corrélations et âge relatif de quelques séries continentales mésozoiques à ostracodes

Zwischen marinen Regressionen und der Migration tierischer und pflanzlicher Organismen bestehen enge Zusammenhänge. Als Folge der weltweiten marinen Regressionen des Oberen Jura breiteten sich kontinentale Ostracodengattungen wie *Cypridea*, *Bisulcocypris* und *Darwinula* auf nahezu allen Kontinenten aus. Unter bestimmten ökologischen Bedingungen bildeten sich in den einzelnen Lebensräumen verschiedene geographische Unterarten heraus. Es scheint daher mit gewissen Einschränkungen möglich zu sein, kontinentale mesozoische Schichtenfolgen aus Äquatorialafrika mit analogen Schichtenfolgen von anderen Teilen der Welt zu korrelieren.

SCOTT, H. W.: Classification of Fossil Ostracoda

Die bisherigen Ansichten über die Systematik der fossilen Ostracoden sind sehr unterschiedlich. Dies hat seinen Grund in der unterschiedlichen systematischen Bewertung der einzelnen morphologischen Merkmale durch die verschiedenen Autoren. Es werden Vorschläge für eine einheitliche Klassifizierung der fossilen Ostracoden gemacht und Hinweise gegeben, die bei der Aufstellung neuer Gattungen und Arten Beachtung finden sollten.

CRESPIN, IRENE: Radiolaria in the Lower Cretaceous Rocks of Australia

Radiolarienführende Gesteine von unterkretazischem Alter kommen in weiten Gebieten der nördlichen Hälfte von Australien sowie in Westaustralien vor, und zwar einmal in kieselsäurereichen Gesteinen (Schiefer, Radiolarite etc.) und zum anderen in bentonitischen Gesteinen. In letzteren sind sie z. T. sehr häufig und ausgezeichnet erhalten, während sie in den Gesteinen des ersten Typus gewöhnlich nur in Dünnschliffen zu erkennen sind. Bisher waren Radiolarien aus der Kreide von Australien nur in Dünnschliffen von Radiolariten aus der Nähe von Darwin bekannt. Auf Grund einer aus Foraminiferen und Megafossilien bestehenden Begleitfauna können die radiolarienführenden Gesteine in das Untere Alb eingestuft werden. In den darunterlagernden Schichten des Apt sind nur sehr wenig Radiolarien enthalten. Für die radiolarienführenden Gesteine des kieselsäurereichen Typus wird sedimentäre Entstehung angenommen, da in Australien in den Gebieten, wo dieser Gesteinstypus vorkommt, keine Zeichen vulkanischer Tätigkeit zu erkennen sind.

SERRE, B. & M. LYS: Répartition de quelques conodontes dans le Dévonien et le Carbonifère inférieur de France et de Belgique

Es wird über das regionale und stratigraphische Auftreten einer größeren Anzahl von Conodontenarten aus fünf verschiedenen Bezirken Frankreichs und zwei Bezirken Belgiens berichtet. Die untersuchte Schichtenfolge erstreckt sich vom Unterdevon (Ems) bis zum Unterkarbon (Oberes Visé).

BERGGREN, W. A.: Paleocene Biostratigraphy and Planktonic Foraminifera of Nigeria (West Africa)

Bohrungen im westlichen Teil von Nigeria ergaben fossilführendes Paläozän in einer Mächtigkeit von über 200 m. Das Dan konnte in diesem Gebiet zum erstenmal nachgewiesen werden. Es befindet sich zwischen Schichten mit einer typischen Fauna des Mittleren Paläozäns bzw. des Maastricht. *Globorotalia acuta*, *G. angulata*, *G. aequa* sind für Mittel- und Oberpaläozän charakteristische Arten. Weiterhin wurde Unter- und Mitteleozän nachgewiesen. *Truncorotaloides* erscheint erstmalig im Mittleren Eozän.

HAUSMANN, H. E.: Über die Möglichkeit, geringe Bodenbewegungen aus paläontologischen Daten zu folgern

Der charakteristische Verlauf von Frequenzkurven bestimmter Foraminiferenarten gibt die Möglichkeit, in petrographisch einförmigen Schichtenfolgen stratigraphische Bezugshorizonte von geringer vertikaler Reichweite zu ermitteln. Die Möglichkeit, diese Bezugshorizonte zum Nachweis auch recht geringfügiger Bodenbewegungen zu verwenden, wird an einem Beispiel aus dem Oligozän zwischen Magdeburg und Dessau demonstriert. Weiterhin wird die mögliche Brauchbarkeit der Methode zur Ermittlung relativer Sedimentationsgeschwindigkeiten angedeutet.

SEIBOLD, E. & I.: Über Funde von Globigerinen an der Dogger/Malm-Grenze Süddeutschlands

Das früher erwähnte Vorkommen von „*Globigerina*" im Oberen Jura Europas wird durch neue Funde aus Süddeutschland und der Schweiz bestätigt.

HILTERMANN, H. & W. KOCH: Oberkreide-Biostratigraphie mittels Foraminiferen

In Fortsetzung früherer biostratigraphischer und phylogenetischer Untersuchungen an Oberkreide-Foraminiferen werden die vertikalen Reichweiten von 67 Arten und Unterarten angegeben. Die vertikalen Reichweiten wurden an Profilen ermittelt, bei denen die stratigraphischen Grenzen durch bekannte Fossilien, insbesondere Cephalopoden und Inoceramen definiert waren. Auf Grund von Foraminiferen kann die Schichtenfolge vom Cenoman bis zum Dan in 21 stratigraphische Einheiten untergliedert werden. Als besonders wichtig erweisen sich die taxonomisch durchgearbeiteten Entwicklungsreihen der Gattungen *Neoflabellina*, *Bolivinoides*, *Gavelinella*, *Stensioeina* und *Globotruncana*.

FURSENKO, A. W.: On the Systematics of the Foraminifera

Eine Systematik der Foraminiferen ist nach morphologischen, geochronologischen, geographischen und ökologischen Kriterien möglich. Tektonische Geschehnisse verursachen eine Änderung der betreffenden Bedingungen und können so den Gang der Evolution, auch den der Foraminiferen, beeinflussen. Dennoch müssen, wie nachgewiesen wird, die morphologischen Kriterien als die für die Systematik der fossilen Foraminiferen wichtigsten angesehen werden.

MANDRA, Y. T.: Fossil Silicoflagellates from California, USA

Detaillierte Untersuchungen fossiler Silicoflagellaten aus Kalifornien erbrachten das Vorhandensein morphologischer Unterschiede von stratigraphischem Wert. Es wurden verschiedene Profile innerhalb des Zeitraums Oberkreide bis Pliozän untersucht. Die reichlichsten Vorkommen von Silicoflagellaten fanden sich in Diatomiten. 34, z. T. stratigraphisch wertvolle Arten wurden unterschieden. So sind z. B. *Vallacerta* und *Lyramula* auf die Oberkreide und die Gattung *Naviculopsis* auf das Obere Eozän beschränkt. Die Silicoflagellaten erwiesen sich ferner als brauchbare Temperaturindikatoren.

HERAK, M.: Calcareous Algae of the Young Palaeozoic and Mesozoic of Yugoslavia and their Application in Stratigraphy

In Jugoslawien können neun Bezirke des Vorkommens karbonischer und permischer Kalkalgen und zweiundzwanzig

Bezirke mesozoischer Kalkalgen unterschieden werden. Die Untersuchungen ergaben die Notwendigkeit einer Revision der bisherigen Ansichten über den stratigraphischen Wert der Kalkalgen: Für manche Formen wurde eine größere vertikale Reichweite festgestellt, als bisher angenommen, während für andere Formen eine sehr begrenzte vertikale Reichweite und damit eine gute stratigraphische Brauchbarkeit ermittelt werden konnte.

GUTSCHICK, R. C.: Early Mississippian (Lower Carboniferous-Tournaisian) Micropaleontology in the United States

Dieser Beitrag zeigt die großen Möglichkeiten, die sich durch die kombinierte Bearbeitung aller erfaßbaren Mikrofossilgruppen in bezug auf die Lösung stratigraphischer und ökologischer Fragestellungen ergeben. Es wurden die Übergangsschichten vom Devon zum Mississippian und von diesem die Stufen des Kinderhook und des Osage in verschiedenen Gebieten der USA untersucht. Dabei fanden Berücksichtigung: Conodonten, sandschalige und kalkschalige Foraminiferen, Ostracoden, Skelettelemente von Crinoiden, Holothurien, Echiniden, Asterozoen, Scolecodonten, Schwammnadeln, Radiolarien, Kalkalgen und Sporen. Die sich aus diesen Untersuchungen ergebenden Folgerungen sind für die mikropaläontologische Methodik und speziell für kombinierte Arbeitsmethoden von großer Bedeutung.

ANDRUSOV, D., M. MISIK, E. & V. SCHEIBNER: Stratigraphie, Micropaléontologie et Microfacies des formations jurassiques et crétacées des Carpathes de la Slovaquie

Die stratigraphische Untergliederung des Jura und der Kreide in den Slowakischen Karpaten wurde bisher nur auf Grund von Makrofossilien durchgeführt. Mikrofaunistische Untersuchungen ermöglichten die stratigraphische Einordnung vieler Schichten, die bisher infolge Fehlens von Makrofossilien nicht eingestuft werden konnten. Die Einstufungen erfolgten vorwiegend mittels Foraminiferen. Weiterhin zeigte sich, daß man in der Schichtenfolge vom unteren Tithon bis zum Alb auch mit Hilfe von Calpionellen verschiedene Stufen unterscheiden kann. Auch *Nannoconus* sowie die in ihrer systematischen Stellung noch etwas unsicheren Formen „*Lombardia*" (Skelettelemente von *Saccocoma* sp.?) und *Globochaete alpina* LOMBARD (Zoosporen von Algen der Gruppe Protococcaceae?) wurden mit in die Untersuchungen einbezogen.

KRUTZSCH, W., P. PCHALEK & D. SPIEGLER: Tieferes Paleozän (? Montien) in Westbrandenburg

In der Bohrung Viesen wurde eine 85 m mächtige Schichtenfolge des Paläozäns aufgeschlossen. Das Paläozän wird von transgressivem marinem Obereozän überlagert. Die Paläozänfolge wurde auf Mikrofauna und Mikroflora untersucht. Die Pollenflora entspricht dem Hannoverschen Bild, die Mikrofauna ähnelt der des litoralen Paläozäns von Ehra und Nettgau.

CITA, M. B. & J. PREMOLI SILVA: Pelagic Foraminifera from the Type Langhian

Mikropaläontologische Untersuchungen von Material aus den Typuslokalitäten des Langhian (Piemont, Norditalien) ergaben das Vorhandensein außerordentlich reicher untermiozäner Foraminiferenvergesellschaftungen mit vorwiegend pelagischen Formen der Gattungen *Globigerina*, *Globigerinoides*, *Globigerinella*, *Globoquadrina*, *Orbulina* und *Globorotalia*. Der Vergleich der Mikrofauna des Langhian mit anderen miozänen Vorkommen Mittel- und Westeuropas ergab, daß beim gegenwärtigen Stand der Kenntnis eine genaue zeitliche Entsprechung des Langhian mit dem Burdigal infolge der sehr unterschiedlichen Umweltbedingungen z. Z. der Sedimentation noch nicht erwiesen werden kann. Trotzdem wird der schon früher gemachte Vorschlag unterstützt, den Begriff des Langhian dem des Burdigal vorzuziehen, da das Langhian in seiner Typlokalität besser definiert und auf Grund seiner reichen planktonischen Foraminiferenfauna für interregionale und interkontinentale Korrelationen besser geeignet sei.

Außer in den Vorträgen der Sektion 6 wurden mikropaläontologische Themen auch während der gleichzeitig mit dem Internationalen Geologenkongreß stattfindenden Sitzungen der Internationalen Paläontologischen Union sowie während der Sitzungen der Sektion 5 (Die Kreide-Tertiär-Grenze) des Internationalen Geologenkongresses behandelt.

Literatur

International Geological Congress, Report of the Twenty-First-Session Norden, Part VI, Copenhagen 1960.

Arbeitsergebnisse des Geochronologischen Laboratoriums des ÚÚG in Prag (K-Ar-Methode)

V. ŠMEJKAL & V. SATTRAN, Prag

Nachdem 1957 bis 1958 vorbereitende Studienarbeiten in der physikalisch-chemischen Abteilung der Geologischen Zentralanstalt (ÚÚG) in Prag durchgeführt worden waren, wurde das Geochronologische Laboratorium eingerichtet. Die wissenschaftlichen Mitarbeiter (der leitende Ing. V. ŠMEJKAL, Dipl.-Chem. R. VALACH und J. MAŠKOVÁ) haben sich in der ersten Zeit des Bestehens dieses Laboratoriums vor allem auf die vorläufige Altersbestimmung an Magmatiten — zuerst der granitischen Gesteine — und an Metamorphiten des Böhmischen Massivs orientiert. Die im kristallinen Grundgebirge arbeitenden Geologen wählten die zu untersuchenden Gesteine aus und entnahmen auch die Proben.

Das absolute Alter wird mit Hilfe der K-Ar-Methode festgestellt. Gleichzeitig mit der weiteren Verbesserung der K-Ar-Methode ist man jetzt dabei, auch die Anwendung der Pb-Isotopen-Methoden vorzubereiten. Zur K-Ar-Bestimmung benutzen wir entweder Gesamtproben des Gesteins oder — vorteilhafter — ein aus der Gesteinsprobe gewonnenes Glimmerkonzentrat. Argon wird aus den Proben durch Schmelzen in Quarzglasröhren in kleinen Silitöfen gelöst. Nach der Trennung von den anderen gleichzeitig gelösten Gasen erfolgt die volumetrische Bestimmung des Ar. Die Isotopenkorrektion auf den aus der Luft stammenden Argongehalt kann in dem Geochronologischen Laboratorium infolge Fehlens eines Massenspektrometers noch nicht durchgeführt werden. Daher kann man bei den meisten Proben annehmen, daß das berechnete absolute Alter stets etwas zu hoch sein wird, ca. um 5 bis 10%. Das absolute Alter wurde mittels folgender Konstanten berechnet:

$$\lambda_k = 0{,}557 \cdot 10^{-10}\ \text{Jahr}^{-1}; \quad \lambda_\beta = 4{,}72 \cdot 10^{-10}\ \text{Jahr}^{-1}$$

Die Werte der absoluten Altersbestimmungen von einigen Magmatiten und Metamorphiten aus dem Böhmischen Massiv sind aus der Tabelle ersichtlich (eine

Tab. Werte der absoluten Altersbestimmung an Gesteinen aus dem Böhmischen Massiv

	Analysiertes Material	Absolutes Alter in 10^6 Jahren	Laboratorium
1. Granit von Cínovec	Gesamtprobe	256	WSEGEI
2. Granit von Hor. Krupka	Gesamtprobe	264	ÚÚG
3. Erzgebirgsgranit von Karlovy Vary	Gesamtprobe	265	WSEGEI
4. Gebirgsgranit von Karlovy Vary	Gesamtprobe	265	WSEGEI
5. Granitporphyr von Hor. Krupka	Gesamtprobe	307	ÚÚG
6. Biotitgneis von Hor. Krupka	Gesamtprobe	311	ÚÚG
7. Orthogneis von Nebesa in Smrčiny (angewittert)	Glimmer-konzentrat	306	ÚÚG
8. Granit von Smrčiny, 2 km westl. von Hazlov	Konzentrat von Muskovit	311	ÚÚG
9. Granit von Smrčiny, NW von Hazlov	Konzentrat von Biotit	356	ÚÚG
10. Muskovitgranit von Smrčiny, westl. von Žírovice	Konzentrat von Muskovit	363	ÚÚG
11. Biotitgranit von Smrčiny, 1 km westl. von Hazlov	Konzentrat von Biotit	364	ÚÚG
12. Granitporphyr von Doubí bei Karlovy Vary	Gesamtprobe	344	WSEGEI
13. Zweiglimmergneis von Měděnec in Krušné hory	Glimmer-konzentrat	344	ÚÚG
14. Syenodiorit von Klokoty bei Tábor	Konzentrat von Biotit	343	ÚÚG
15. Granodiorit von Horažďovice	Konzentrat von Biotit	353	ÚÚG
16. Granit von Říčany	Glimmer und Feldspäte	beide 359	WSEGEI
17. Granodiorit (Typus „Červená") von Smrčiny	Konzentrat von Biotit	371	ÚÚG
18. Lausitzer Granodiorit von Lipová	Konzentrat von Biotit	230	ÚÚG
19. Glimmerschiefergneis von Krouná bei Hlinsko	Gesamtprobe	376	ÚÚG
20. Augengneis von Stárkov bei Jimramov	Gesamtprobe	383	ÚÚG

Gesamtübersicht über die bisher im ÚÚG durchgeführten Altersbestimmungen wurde in Věstník ÚÚG, Bd. 35, H. 6, 1960, veröffentlicht).

Die Einordnung der einzelnen Ergebnisse in die zugehörigen geologischen Perioden erfolgt nach der neuen geochronologischen Skala von J. L. Kulp (in: N. I. Polewaja 1959). Bei allen analysierten Proben aus dem Böhmischen Massiv sind merkwürdigerweise nur die dem paläozoischen Alter entsprechenden Werte sicher. Bei einer Reihe von Analysen (hauptsächlich Magmatiten) stimmt das Alter mit den bisherigen geologischen Kenntnissen überein. Andererseits steht eine Reihe von Altersbestimmungen (Metamorphite) im Widerspruch zu den geologischen Voraussetzungen, die auf wichtigen geologischen Kriterien zu beruhen scheinen. Bei den Metamorphiten, für die man präkambrisches Alter annimmt, sind die mit der K-Ar-Methode erzielten Werte zu niedrig. Der Grund für diesen Widerspruch liegt wahrscheinlich darin, daß die bestimmten Werte nur die letzten kaledonischen oder variszischen Phasen der Metamorphose, die die Metamorphite erlitten haben, zeigen. Wie schon früher mehrmals nachgewiesen wurde, kann der Einfluß der Metamorphose, vor allem die Rekristallisation, den Argongehalt erheblich erniedrigen, in manchen Fällen sogar zum totalen Argonverlust führen. Es ist daher wenig wahrscheinlich, daß sich im Böhmischen Massiv mit Hilfe der K-Ar-Methode ein ausgedehnter vorkambrischer Magmatismus oder eine derartige Metamorphose nachweisen lassen, da vermutlich alle vorkambrischen Komplexe mehr oder weniger in den jüngeren kaledonischen oder variszischen Regenerationsraum einbezogen wurden. Zu ähnlichen Schlußfolgerungen kamen schon A. P. Winogradow (1959) und seine Mitarbeiter. Auch die geringen Differenzen zwischen dem an der Intrusion und ihrer kristallinen Hülle bestimmten Alter muß man dem Argonverlust während der Wärmezufuhr bei der Kontaktmetamorphose zurechnen. Die Altersbestimmung des Massivs von Smrčiny (Fichtelgebirge), wo zwei Intrusionsphasen festgelegt wurden (—310 Mill. Jahre und —360 Mill. Jahre), zeigt das sehr deutlich. Der Gneismantel von Smrčiny besitzt nach den Ergebnissen der K-Ar-Methode dasselbe Alter wie die jüngere Intrusion bzw. scheint noch ein wenig jünger zu sein, was sicherlich auch auf den Ar-Verlust bei der Verwitterung des Gesteins zurückzuführen ist. Man sieht daraus, daß die K-Ar-Methode hier nur zur Bestimmung der letzten geologischen Ereignisse dienen kann, die mit der Strahlung eines größeren Quantums von Wärmeenergie verbunden sind, z. B. die Intrusion des Plutons oder die variszische Mobilisierung des Baues. Diese Erfahrungen lehren, daß es z. Z. unumgänglich ist, die geologischen Kriterien als entscheidend in der Bestimmung des Alters von metamorphen Gesteinskomplexen zu betrachten und daß neue Methoden der absoluten Altersbestimmung entwickelt werden müssen, die auch eine Bestimmung des Alters der älteren Vorgänge, die den letzten mit der K-Ar-Methode datierbaren Ereignissen vorangingen, gestatten. Die Pb-Isotopen-Methoden werden wahrscheinlich bei der sicheren Bestimmung des Alters der Metamorphite im Böhmischen Massiv weiterhelfen.

Die Deutung der Altersbestimmungen an granitischen Gesteinen stimmt mit den geologischen Kriterien überein. Auf Grund der Ergebnisse — nach der Umrechnung mit den neuen Konstanten wurden auch die älteren in der UdSSR durchgeführten Analysen mit ausgewertet — lassen sich mindestens zwei intrusive Zyklen ausgliedern, die annähernd den Zyklen bei A. P. Winogradow (1959) entsprechen:

1. Die spätvariszische Intrusionsphase — ungefähr um —260 Mill. Jahre — nach J. L. Kulp an der Grenze Karbon/Perm bis Unteres Perm; z. B. Granite von Cínovec (Zinnwald), H. Krupka oder die beiden Arten des Granits von Karlovy Vary, der sogenannte „Erzgebirgsgranit" und der „Gebirgsgranit". Mit diesen Graniten hängen die Sn-W-Mo-Vererzung und die Vergreisungsprozesse zusammen.

2. Die frühvariszische Phase — ungefähr um —360 Mill. Jahre — nach J. L. Kulp an der Grenze Devon/Karbon; z. B. die meisten Proben der Magmatite des Mittelböhmischen Plutons, die ältere Intrusionsphase des Granits vom Fichtelgebirge u. a. Es ist möglich, daß durch die Isotopenkorrektion für den aus der Luft stammenden Argongehalt diese Intrusionsphase mehr in das Karbon hinein verlegt wird; dadurch würde auch eine bessere Übereinstimmung mit den Daten von A. P. Winogradow (1959) erreicht.

Die Auswertung der an Metamorphiten des Böhmischen Massivs durchgeführten K-Ar-Altersbestimmungen zeigt, wie bereits erwähnt, daß es sich nicht um eine Bestimmung des „absoluten" Alters des Gesteins handelt, sondern nur um die Feststellung des letzten geologischen Prozesses, der mit erheblichem

Argonverlust verbunden war. Es müssen also weitere konfrontierende Methoden der absoluten Altersbestimmung ausgearbeitet und neue geologische Kriterien gefunden werden, um das wirkliche absolute Alter des Gesteins bzw. seiner ersten Metamorphose richtig festzulegen.

Literatur

POLEWAJA, N. I.: Vosmaja sessija komissii po opredeleniju absoljutnogo vozrasta geologičeskich formacij. — Sowjetskaja Geologija, H. 11, S. 144—153, 1959.

ŠMEJKAL V.: Absolutní stáří některých granitoidů a metamorfitů stanovené kalium-argonovou metodou. — Věstník ÚÚG, 35, S. 441—449 (1960).

WINOGRADOW, A. P., A. I. TUGARINOW, V. V. ŽIROVA, S. I. ZYKOV, K. G. KNORRE, V. I. LEBEDEW: Über das Alter der Granite und Erzvorkommen in Sachsen. — Freib. Forsch.-H., C. 57, S. 73—85, 1959.

Hauptversammlung der Gesellschaft Deutscher Metallhütten- und Bergleute e. V.

Vom 9. bis 12. September 1960 in Aachen

Teil I

GÜNTER PRATZKA, Berlin

In den Fachkreisen Lagerstättenkunde, Bergbau und Aufbereitung wurden folgende Vorträge gehalten:

Dipl.-Ing. W. MIEDERER, Gey ü. Düren: Die Bemusterung des konglomeratischen Erzkörpers des Maubacher Bleiberges mit verschiedenen Bohrverfahren

Dieser Erzkörper wird seit vielen Jahren durch Rotarybohrungen, Kernbohrungen, Seilbohrungen, Haufwerksproben und Firstenbohrungen aus Untersuchungsstrecken sowie durch Drehschlagbohrungen mit Luft- oder Wasserspülung intensiv untersucht. Das bis 70 m mächtige, aus Letten und Schieferton bestehende Deckgebirge sowie die etwa 20 m mächtigen vererzten konglomeratischen Schichten des Buntsandsteins erschweren wegen ihrer inhomogenen Zusammensetzung sehr stark die Anwendung der verschiedensten Untersuchungs- und Bemusterungsverfahren.

Trotz der zwar unterschiedlichen Erfolge waren die angewendeten Verfahren nicht ohne Mängel. Daher wurde ein neues Bohrverfahren entwickelt. An eine serienmäßig gefertigte Drehbohrmaschine wurde ein ,,Down-the-hole"-Hammer angeschlagen. Eine Fünf-Stufen-Übersetzung gestattet alle Übergänge zwischen hoher und niedriger Drehzahl. Gebohrt wird mit Diamantkrone, deren Druck durch Hydraulik von sehr geringem Andruck bis 5 t regelbar ist. Der Bohrstaub wird mit einem Wirbler aus dem Bohrloch für je 2 m Bohrfortschritt analysenfein abgesaugt. Die größte Kornfraktion beträgt 3 mm. Der Bohrstaub wird in einem dem Wirbler vorgeschalteten Zyklon abgeschieden und über eine Zellenradschleuse ausgetragen. In den Feinstanteilen kommt es zu einer Pb-Anreicherung. Das sog. ,,Bohrstaubausbringen" liegt bei 90% der gewinnbaren Masse. Beim Durchbohren von Klüften oder wasserreichen Zonen sinkt das Bohrstaubausbringen auf 0%. Dadurch ist ein durchschnittliches Ausbringen von 75% bedingt. Um die Bohrungen mit geringem Ausbringen zu reduzieren, werden Futterrohre mit 90 mm ⌀ eingebracht. Dadurch wird auch in feuchten und gestörten Bohrlöchern ein Ausbringen bis 75% ermöglicht.

Um Körner bis 3 mm ⌀ auszutragen, ist eine Spülluftgeschwindigkeit von 8—10 m/s notwendig. 70er Spezialgestänge garantiert einen vollständigen Bohrstaubaustrag. Der Ringraum im Bohrloch muß einen Durchmesser von mindestens 60 mm haben. Bis jetzt wurden 141 Drehschlagbohrungen niedergebracht und ein für die Bemusterung ausreichendes Bohrstaubausbringen erreicht. Da die Aufbereitung sehr gleichmäßige Aufgabegehalte fordert und bei entsprechender Belegung der Abbaufronten und Mischen des Rohhaufwerks unangenehme Schwankungen im Metallgehalt eingeschränkt werden können, wird das Erzlager mit einem Bohrlochabstand von 10—12 m abgebohrt. Diese Bemusterung gestattet eine kurzfristige Voreinschätzung der zu erwartenden Gehalte. Um noch weitere Sicherheiten in die Vorratsprognose zu bringen, wird bei sämtlichen Bohrungen der nichtausgebrachte Bohrstaubanteil als taub und Bohrungen mit einem Bohrstaubausbringen unter 75% zu 100% werden als vertaubt gewertet. Die durchschnittlichen Gehalte werden über das gewogene Mittel berechnet.

Bei zwei Mann Bedienung wurden Leistungen je Geräteeinsatzschicht von rd. 15 Bohrmetern erzielt. Leistungen von 30 m wurden als erreichbar bezeichnet. Bei Bohrlochteufen bis 30 m wurden Bohrmeterkosten von 13 bis 15 DM erreicht, die als gering bezeichnet werden.

Prof. Dr. phil. A. PILGER, Clausthal-Zellerfeld: Das Ergebnis zwölfjähriger Forschungsarbeit über die Blei-Zink-Erzvorkommen des Ruhrgebietes

Es galt festzustellen, wie die Gänge entstanden sind. Durch den umgehenden Bergbau wurde die Grundlagenforschung ermöglicht. Die drei als bauwürdig bekannten Vorkommen auf ,,Auguste Victoria", ,,Christian Levin" und ,,Klara-Gladbeck" sowie zahlreiche kleinere Vorkommen bilden die ,,Erzprovinz Ruhrgebiet".

Die Forschung beschäftigte sich mit den Fragen:

1. Wo gibt es weitere Gänge?
2. Welche Altersfolge liegt vor?
3. Arten und Ursachen der Hohlraumbildungen.

In einer NNE (rheinisch) streichenden Zone, die vom Erzbergbaugebiet Velbert—Lintfort—Selbeck über Essen, Bochum, Gladbeck, Recklinghausen, über die Lippe hinaus in die sogenannte Bohrlochzone des Ruhrgebietes streicht, sitzt die Hauptmineralisation des Ruhrgebietes. Die Faltenachsen, die SW—NE streichen, tauchen von beiden Seiten zum Erzfeld hin ein. Die Scherflächen und Blattverschiebungen streichen NW—SE. In der Mitte des Ruhrgebietes befindet sich eine Massierung der Erzvorkommen. Die Vererzung liegt in einem Bruchfaltenfeld. Die Strukturen sind untergrundmäßig bedingt. Im SW-Teil fallen die Falten nach NE, im NE-Teil nach SW ein. Die größeren Vorkommen und fast alle geringen Mineralanzeichen sitzen auf Störungen im Oberkarbon. Die Mineralisation wird als primär-hydrothermal bezeichnet. Es wurde ein großes Pb-$BaSO_4$-Feld festgestellt. An der NE-Randstaffel ist viel älterer Quarz vertreten. Bauwürdiges Zn-Erz gibt es nur im nördlichen Ruhrgebiet. Eine lokale Trennung von Pb- und Zn-Erz ist möglich. Die erzbringenden Plutone sitzen mit ca. 5000 m unter der damaligen Oberfläche verhältnismäßig tief. Das Auftreten der Erze wird mit bis ca. 2500 m über dem Pluton angegeben. Für den Osten des Ruhrgebietes wird Vertaubung angenommen.

Die Abfolgen des Ruhrgebietes sind charakteristisch für eine arme Erzprovinz (Abb. 1).

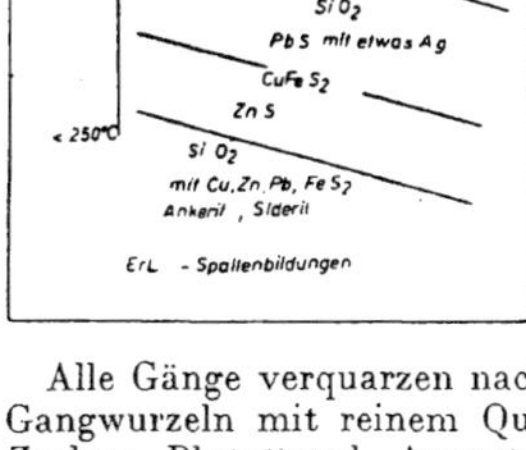

Abb. 1. Vorherrschende Mineralführung der Blei-Zink-Vererzung des Ruhrgebietes

Alle Gänge verquarzen nach der Teufe. Es wurden schon Gangwurzeln mit reinem Quarz angetroffen. Nur auf den Zechen ,,Pluto" und ,,Auguste" — beim Aufbruch des Pribus im Zentrum des Ruhrgebietes — kommt mit dem Quarz etwas Cu mit. Die Gänge haben eine vertikale Verbreitung von 300—500 m. In allen Generationen wurde ein deutliches Telescoping festgestellt (Abb. 2). Die in Abb. 2 mit 1 bezeichneten Abfolgen sind an die Sprungbildungen, die mit 2 bezeichneten an die Blattverschiebungen gebunden.

Der in der Abfolge 2b auftretende Ag-arme Bleiglanz ist im Ruhrgebiet weit verbreitet. Bleiglanz und Zinkblende treten fast nirgends in einer Abfolge auf. Hohlraumbildungen sind durch den Zerrungscharakter großer Sprünge (seigere Sprunghöhe 150—200 m) bedingt sowie durch unterschiedliches Streichen der Hangend- und Liegendflächen der Sprünge, durch während der Mineralisation andauernde Tektonik und durch Auffiedern bzw. Auftrümern von Diagonaltrümern. Von der Ausbildung der Sprünge hängt es ab, ob sich Erze absetzen konnten.

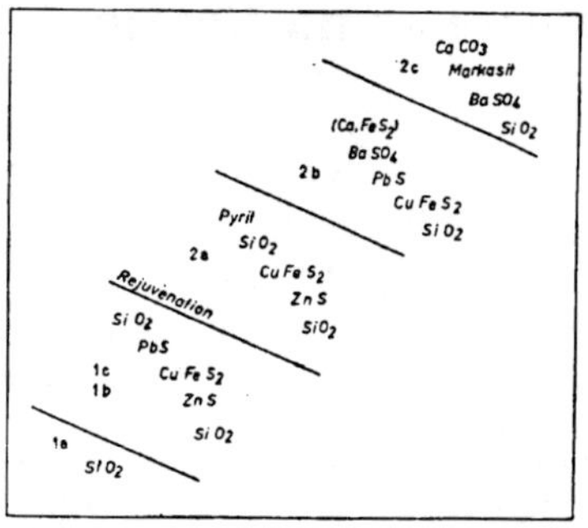

Abb. 2. Spaltenbildung und Abfolgen der Vererzung

Brekzienbildungen durch Wiederaufreißen mineralisierter Spalten sind weit verbreitet. Brekzienerz älterer Abfolgen wird von jüngeren Blei- und Kupferkieserzen durchtrümert. Die Mineralisation des Ruhrkarbons bildet eine einheitliche Abfolge von höherer bis geringerer thermaler Ausscheidung. Da die einzelnen Abfolgen bekannt sind, lassen sie sich innerhalb des Ruhrgebietes überall — mehr oder weniger vollständig — feststellen.

Dr.-Ing. A. WILKE, Dr. E. EHRENDREICH, Dr. W. MÜNCH, Dr. H. SIEBDRAT, Frankfurt a. M.: Montangeologische Untersuchungen in italienischen Blei-Zink-Erzbergwerken, a) im Gebiet von Iglesias, Sardinien, b) in den Bergamasker Alpen

Die im Gebiet von Iglesias festgestellten Lagerstätten werden von oxydischen und sulfidischen Blei-Zink-Erzen gebildet und liegen in einer metamorph überprägten kambrischen Serie von Kalken und Dolomiten. Bei der Lagerstättenbildung werden drei Phasen unterschieden (Tab.):

Mineral	Primäre Vererzung	Deszendente Umlagerungen			
		Oxydische Umlagerungen		Zementationszone (Bleiglanzzone)	gemischt-sulfidische Zone
		Auswaschungszone	Anreicherungszone		
ZnS	xx	(x)	x	—	xxx
PbS	x	(x)	—	xxxx	**xxx**
Zinkspat	—	(x)	xxxxx	—	—
Cerussit	—	x	xx	xxx	xx
(Melnikovit)-Pyrit	xx	—	—	x	xx
Limonit	—	xx	xxx	(x)	—
Kalkspat	xxxxx	xxx	(x)	xxxx	xxxxx
Dolomitspat	—	xxxx	xxxxx	(x)	—
Quarz	x	x	xx	xxxx	xxx

— nicht beteiligt
(x) geleg. in Spuren
x in Spuren
xx merklich beteiligt
xxx stark beteiligt
xxxx sehr stark beteiligt
xxxxx vorherrschend beteiligt

1. die Metallionen, wahrscheinlich submarin exhalativer Herkunft, werden als feinverteilter Erzgehalt in den Sedimenten abgelagert;

2. die Sedimente werden metamorph überprägt (Dynamometamorphose);

3. Einfluß descendenter Wässer führt zur Bildung einer Oxydations- und Zementationszone. Umlagerungen, Verdrängungsstrukturen.

Die Auswertung charakteristischer Mikrostrukturen sowie die Merkmale des 1. Stadiums deuten auf syngenetische Entstehung hin. Sämtliche metasomatischen Erscheinungen lassen sich als erste Umlagerungen während der Dynamometamorphose der Gesteine erklären. Da in den erzführenden Schichten Tuffe und Tuffite festgestellt wurden, nimmt man einen Ursprung der Metallionen aus vulkanischen (submarinen) Exhalationen an.

Die Oxydationszone ist als Reicherzzone 150—200 m mächtig, 20—50 m breit, 200 m lang und im Durchschnitt mit 10—25% Zn gleichmäßig vererzt. Sie liegt unter einer 200 m mächtigen Auswaschungszone. Die Zementationszone besteht aus der 10—50 m mächtigen Bleizone, der 50 m mächtigen gemischt-sulfidischen Übergangszone und der sulfidischen Primärvererzung. In der Übergangszone ist das Pb: Zn-Verhältnis 1:1. Durch descendente Lösungen kam es über der Zementationszone zu einer Bleimigration und verbreiteten Pb-Ausscheidungen.

Die Dolomitisierung des Kalkes endet an der Zementationszone. In der Oxydationszone überwiegt $MgCO_3$ über $CaCO_3$. Die in der Bleizone festgestellte Silifizierung nimmt nach der gemischt-sulfidischen Übergangszone hin ab.

Die Blei-Zink-Lagerstätte von Bergamo zeigt einen ähnlichen Aufbau und Charakter wie das Vorkommen von Iglesias. Die Bergamasker Lagerstätte liegt in Ablagerungen der alpinen Trias. Auf beiden Lagerstätten wurden durch bergmännische Aufschlußarbeiten beträchtliche Erzvorräte nachgewiesen.

Betriebsführer D. SCHMIDT, Untereschbach: Selektiver Abbau einer absetzigen Lagerstätte, insbesondere im Teilsohlenbruchbau

Die Referate der beiden folgenden Vorträge wurden durch Hinweise bei einer Befahrung der Betriebsanlage ergänzt.

In den verquarzten Grauwacken des oberen Unterdevon tritt bei Hoffnungsthal im Bezirk Köln ein an Mesodiabas gebundenes, 3,5 km langes, N—S streichendes Gangsystem auf, das ein Einfallen von 50—70° E hat. Die linsenförmig auftretenden, stark absetzigen Erzmittel oder Reicherzfälle erreichen 10—12 m Mächtigkeit und sind im Streichen 20—30 m lang. Die Gangzone, die an eine große Spalte gebunden ist, erreicht Mächtigkeiten von maximal 100 m und besteht aus Fiederspalten und Scharungen. Gestört wird sie durch jüngere Querverwerfungen und Staffelbrüche. Die Gangzone ist zum Hangenden scharf begrenzt, zum Liegenden ist ein allmählicher Übergang ins Nebengestein vorhanden. Das Gebirge ist stark gebrächig, und nur 10% der Auffahrungen der Grube Lüderich, die neben anderen auf dieser Gangzone Abbau auf Blei-Zink-Erz betreibt, stehen ohne Ausbau.

Die im folgenden erläuterten Maßnahmen mußten auf der Grube Lüderich durchgeführt werden, um den Betrieb bei den gegenwärtig sehr niedrigen Metallpreisen für Blei und Zink noch wirtschaftlich gestalten zu können.

Die Maßnahmen hatten die Aufgabe:

1. das alte Abbauverfahren leistungsfähiger zu gestalten;

2. ein neues leistungsfähiges Abbauverfahren auszuprobieren und einzuführen;

3. bei beiden Abbauverfahren durch selektiven Abbau den Metallgehalt des Haufwerks — ohne Vergrößerung der Abbauverluste — zu heben.

Die alte Abbaumethode, der Firstenstoß- und Firstenquerbau, ist in ihrer Leistungsfähigkeit begrenzt. Der Querbau paßte sich der sehr unregelmäßigen Vererzung gut an, aber durch die kurzen Abbauzüge konnten Lademaschinen nicht wirtschaftlich eingesetzt werden.

Durch Übergang vom querschlägigen zum streichenden Abbau konnte der Ausnutzungsgrad für Lademaschinen wesentlich verbessert werden. Die Abbauleistung je Mann und Schicht stieg von 1,8 auf 4,5 t. Das genügte aber bei den niedrigen Metallpreisen noch nicht. 45% der Abbauschichten und 47% der Abbaukosten entfielen auf Versatzgewinnung in Bergeorten und Versatzeinbringen. Der Betrieb ist zu Fremdversatz übergegangen. Durch Verwendung der Aufbereitungsberge, die als Spül- und Blasversatz eingebracht werden, konnte die Versatzarbeit wirtschaftlicher gestaltet werden. Von Nachteil ist, daß durch den alten Abbau die oberen Sohlen nicht befahren werden können. So muß der Blasversatz über die 3. Sohle gehoben werden, und das verursacht hohe Transportkosten. In der SS-Aufbereitungsanlage fällt z. B. ein Korngut von 2—25 mm an. Mit Korn-

Zeitschrift für angewandte Geologie (1961) Heft 5

gut von 3—0,075 mm Korngröße werden z. Z. Spülversatzversuche durchgeführt. Das Gut < 0,075 mm wird durch Ausschlämmen von den Abgängen getrennt.

Ein neues leistungsfähiges Abbauverfahren, der Etagen- oder Teilsohlenbruchbau, wurde auf Empfehlung von Bergassessor BÖHNE probeweise eingeführt. Bei einem Sohlenabstand von 40 m werden zwei Überbrüche im Liegenden der Gangzone von Sohle zu Sohle gefahren. Ein Überbruch ist für den Materialtransport, das andere für die Haufwerks- und Bergerolle vorgesehen. Die Rollen stehen durch Querschläge mit dem Abbau in Verbindung. Wegen lettigem und feuchtem Material können die Rollen nicht in der Gangzone gefahren werden. Bei 4 m Vortrieb im Erz werden 1 m Querschlag im Nebengestein gefahren. Bei der Bemusterung entfallen auf 1 t Rohhaufwerk 3 cm Untersuchungsbohrungen (Kernbohrung).

Um die Arbeiter zu sauberem Arbeiten anzuhalten, werden Förderwagen Erz und Berge gleich bewertet. Erz- und Bergerollen liegen gleichgünstig. Arme Erze werden gesondert gefördert, über Tage gelagert und bei günstigen Metallpreisen abgestoßen.

Teilsohlenbruchbau geht von oben nach unten vor sich und kann nur dort durchgeführt werden, wo auf höheren Sohlen kein Abbau mehr umgeht. Auf der Grube Lüderich sind z. Z. die Talsohle und die 1., 2. u. 3. Sohle aufgeschlossen. Dort, wo über der 3. Sohle alles abgebaut ist, wurde mit dem Teilsohlenbruchbau versuchsweise begonnen. Wegen der Absetzbarkeit der Lagerstätte wurde ein Scheibenabstand von 5 m gewählt. Ein größerer Abstand würde eine zu große Hangendfläche entblößen.

Am Hangenden wird mit Lademaschinen 2 flügelig aufgefahren (2,5 × 2,3 m breit). Bei Mächtigkeit von ca. 3 m wird entsprechend breit und bei Mächtigkeiten über 3 m werden zwei Strecken gefahren. Bei sehr geringer Mächtigkeit werden Erz und Nebengestein getrennt geschossen. Von der 5-m-Abbauscheibe werden im Vorfahren 2,5 m abgebaut. Beim Rückbau werden von den restlichen 2,5 m nur 2 m unter 50° abgebohrt und gedrückt. Die Restschwebe von 0,5 m wird 3—4 Tage stehen gelassen und bricht dann nach. Durch diese Maßnahme wird die Sauberkeit der Erzgewinnung erhöht und die Verdünnung bei 15—20% gehalten. Die Abbauleistung liegt bei 10 t je Mann und Schicht.

Da im Gangbergbau der zweite Mann vor Ort im allgemeinen bis zu 40% seiner Arbeitszeit nicht ausgelastet ist, hat sich der Betrieb eine Wechselsprechanlage entwickeln lassen, wodurch ihm die Ortsbelegung mit einem Mann bis zu einem Ortsabstand von 450 m von der Bergbehörde genehmigt wurde. Die Wechselsprechanlage verbindet zwei Orte durch Mikrophon und Lautsprecher miteinander. Die Anlage, die alle 8 Sekunden von Empfang auf Wiedergabe umschaltet, gestattet während der Arbeit eine Verständigung von Ort zu Ort. Durch Anbringung des Gerätes unmittelbar vor Ort werden sämtliche Arbeitsgeräusche übertragen.

Der Hauer vor Ort ist mit einer Lademaschine und einem preßluftbetriebenen großen Schnabelkipper ausgerüstet, der statt bis 25 m jetzt bis 75 m beiderseits der Rollen eingesetzt werden kann. Der Hauer hat ein Wechselort und ist dadurch weitgehend ausgelastet. Durch diese Maßnahmen war eine wesentliche Steigerung der Arbeitsproduktivität möglich.

Die Versuche zeigten, daß der Teilsohlenbruchbau nicht nur auf arme massige Lagerstätten, sondern auch auf absetzige, linsenartige Ganglagerstätten wirtschaftlich angewendet werden kann.

Der Betrieb betreibt auf je 1 t Erz 2 cm Aus- und Vorrichtung. Der Durchschnittsgehalt des Fördergutes liegt bei 6—8%, z. Z. bei 12—13% Pb u. Zn. Die Grubenförderung beträgt 300 t/Tag und ca. 70000 t/Jahr. Es laufen z. Z. 19 Abbaubetriebspunkte. Man muß auf mehreren Erzlinsen gleichzeitig bauen, da die Betriebskonzentration auf eine Erzlinse eine zu geringe Qualitätsauswahl gestattet.

Der Betrieb hat für 10 Jahre vorgerichtete Vorräte. 5 Jahre Vorlauf werden in Westdeutschland als normal bezeichnet.

Instruktion zur Anwendung der „Klassifikation der Lagerstättenvorräte fester mineralischer Rohstoffe" auf Eisenerzlagerstätten der Deutschen Demokratischen Republik

1. Eisenerz-Instruktion

vom 15. Dezember 1960

INHALT

1. Allgemeines

1.1 Eisen ist eines der verbreitetsten Elemente der Erdkruste und in vielen Mineralien enthalten. Von den über 360 bekannten eisenhaltigen Mineralien besitzen jedoch nur wenige industrielle Bedeutung. Zu ihnen gehören (s. nebenstehende Tab.).

1.2 Nach dem jeweils vorherrschenden Erzmineral lassen sich in der DDR z. Z. folgende Eisenerze unterscheiden:
a) magnetitische Eisenerze,
b) hämatitische oder Roteisenerze,
c) goethitische Brauneisenerze,
d) sideritische oder karbonatische Eisenerze,
e) silikatische Eisenerze.

2. Forderungen der Industrie an Eisenerze

2.1 Bei Lagerstättenvorräten an Eisenerzen ist beim heutigen Stand der Technik der Abbau nur dann vertretbar, wenn folgende Bedingungen erfüllt sind: Die geologischen Verhältnisse müssen den Abbau technisch und wirtschaftlich ermöglichen, d. h., zwischen Menge und Qualität des Vorrats, Teufe, Lagerung usw. muß ein wirtschaftlich vertretbares Verhältnis bestehen.

2.2 Die chemische Zusammensetzung und die physikalischen Eigenschaften der Eisenerze bestimmen die Technologie der Verarbeitung im Sinne der metallurgischen Vorbereitung und Verhüttung.

Bezeichnung	chemische Formel	Fe-Gehalt
Magnetit (Magneteisen)	Fe_3O_4	72,4
Hämatit (Eisenglanz, Roteisen)	Fe_2O_3	70,0
Goethit (Nadeleisenerz)	α-FeOOH	62,9
Lepidokrokit (Rubinglimmer)	γ-FeOOH	62,9
„Limonit" (Brauneisen, brauner Glaskopf, Hydrogoethit)	α-FeOOH in strahlig-derben Varietäten gelförmiger Entstehung mit adsorbiertem H_2O	53—63
Siderit (Spateisen)	$FeCO_3$	48,2
Chamosit, Thuringit	wasserhaltige Eisenaluminiumsilikate wechselnder Zusammensetzung	31—34[2]) bis 40[2])
Pyrit[1]) (Schwefelkies)	FeS_2	46

[1]) Pyrit wird zwar nicht unmittelbar zur Roheisenerzeugung verwendet, hat aber in Form der Schwefelkiesabbrände erhebliche wirtschaftliche Bedeutung für das Eisenhüttenwesen.

[2]) Bei diesen Fe-Gehalten handelt es sich um Erfahrungswerte des VEB Maxhütte, Bergbau- und Hüttenkombinat, Unterwellenborn.

Dabei sind folgende Faktoren entscheidend:
a) Fe-Gehalt,
b) Gehalt an Schlackenbildnern und ihre Art,
c) Gehalt an schädlichen Beimengungen,
d) Gehalt an nützlichen Beimengungen,
e) Aufbereitbarkeit.

2.3 Um ein verläßliches Arbeiten der Aufbereitungs- und Hüttenanlagen zu gewährleisten, braucht die Industrie:
a) ein Aufgabegut möglichst konstanter Zusammensetzung,
b) chemische und mineralogische Untersuchungsergebnisse,
c) Angaben über die Korngrößen der einzelnen Erzkomponenten und über deren Verwachsungen.

2.4 Für die Qualitätsbewertung ist neben dem Fe-Gehalt der Gehalt an Schlackenbildnern von Bedeutung, hierunter fallen: SiO_2, Al_2O_3, CaO, MgO und $BaSO_4$. Sind in den Erzen Verbindungen von Titan, Natrium und Kalium vorhanden, so müssen deren Gehalte bei der Verarbeitung berücksichtigt werden, da sie einen wesentlichen Einfluß auf die Schlackenführung haben.

2.5 Gehalte an schädlichen Beimengungen[3]), z. B. Schwefel, Arsen, Zinn, Zink, Blei und Kupfer, beeinflussen die Qualität und den Verarbeitungsprozeß des Roheisens.

2.6 Gehalte an nützlichen Beimengungen[3]), z. B. Vanadium, Mangan, Chrom, Kobalt und Nickel, beeinflussen ebenfalls die Qualität des Roheisens, da sie in den Stahl übergehen und in gewissen Grenzen seine Eigenschaften verbessern.

2.7 Aufgabe der geologischen Erkundung ist, den Bergbaubetrieben Vorräte entsprechend den vorgegebenen Konditionen nachzuweisen und die notwendigen Unterlagen zur Beantwortung jener Fragen zu erbringen, die für Abbau und Verarbeitung der Vorräte entscheidend sind.

2.71 Hierzu gehören für die Projektierung des Abbaues und der Verarbeitung:
2.711 Vorratsmenge, Teufe, Mächtigkeit, Ausdehnung und Aufbau der Lagerstätte;
2.712 räumliche Verteilung der zu beachtenden Komponenten;
2.713 Lagerungsverhältnisse (Tektonik, Struktur);
2.714 Eigenschaften des Nebengesteins;
2.715 hydrogeologische Verhältnisse;
2.716 Oberflächenverhältnisse u. a.;
2.717 Aufbereitbarkeit der Erze;
2.718 Einsatzmöglichkeit der Erze.

2.72 Bei Erzarten, für die noch keine Technologie der Verarbeitung festgelegt ist, sind halbtechnische Versuche aufbereitungs- und hüttentechnischer Art durchzuführen.

2.73 Die in der DDR zur Zeit bekannten Eisenerzlagerstätten liegen in technisch erreichbaren Teufen. Für die Gebiete der geologischen Eisenerzerkundung (vor allem im norddeutschen Flachland) wird vorläufig die Berechnungsgrenze für Bilanzvorräte mit 1200 m festgelegt. Die untere Grenze der Teufe für die Berechnung der Außerbilanzvorräte wird vorläufig als Richtwert mit 1500 m festgelegt.

3. Gruppierung der Eisenerzlagerstätten der DDR

3.1 In der DDR haben zur Zeit mehrere Lagerstättentypen wirtschaftliche Bedeutung. Auf Grund unterschiedlicher Verhältnisse hinsichtlich Lagerung, Form, Fazies und Verteilung der Komponenten in den Lagerstätten werden in der DDR drei Lagerstättentypen unterschieden. Zu ihrer Erkundung sind unterschiedliche Maßnahmen erforderlich; zur Berechnung ihrer Vorräte sind unterschiedliche Voraussetzungen zu erfüllen.

3.2 Eisenerzlagerstättentypen in der DDR (vgl. Tab. 1 im Anhang)

3.21 Lagerstättentyp I
Schichtartige Lagerstätten, die dem Nebengesteinsverband horizontbeständig eingelagert sind. Mächtigkeit und Fazies bleiben über größere Flächen annähernd gleich. Die Verteilung des Eisens und der Schlackenbildner im Lagerstättenprofil bleibt über größere Erstreckungen annähernd gleichmäßig. Bei diesem Typ sind zu unterscheiden:
Ia) Die Lagerstätten sind tektonisch nicht oder nur geringfügig verformt, ruhige Lagerungsverhältnisse herrschen vor (z. B. Lagerstätten, die in mesozoischen oder jüngeren Schichtenfolgen liegen, wie Sommerschenburg, Kleiner Fallstein).
Ib) Die Lagerstätten sind relativ stark verfaltet, bruchtektonisch verformt und zeigen komplizierte Lagerungsverhältnisse (z. B. Lagerstätten, die konkordant in paläozoischen Schichtenfolgen liegen, wie Schmiedefeld, Wittmannsgereuth, Gebersdorf).

3.22 Lagerstättentyp II
Lagerartige Eisenerzlagerstätten, die dem Nebengesteinsverband horizontbeständig eingelagert sind. Mächtigkeit und Fazies wechseln innerhalb kleinerer und mittlerer Entfernungen ebenso wie die Verteilung des Eisens und der Schlackenbildner. Die Erzlager sind meist stark verfaltet, z. T. verschuppt; oft kompliziert eine intensive Bruchtektonik die Lagerungsverhältnisse.
Bei diesem Typ sind zu unterscheiden:
IIa) Die Lagerstätten bestehen aus relativ großen Erzkörpern, deren Mächtigkeiten und Gehalte an Fe und Schlackenbildnern auf mittlere Entfernungen nur gering schwanken (z. B. Lagerstätten in paläozoischen Schichten, wie Büchenberg).
IIb) Die Lagerstätten bestehen aus mittleren und kleineren Erzkörpern, deren Mächtigkeiten und Gehalte an Fe und Schlackenbildnern auf kleinere Entfernungen schwanken. Die wechselnde Zusammensetzung des Erzkörpers kommt nicht nur in der horizontalen Erstreckung, sondern auch im vertikalen Aufbau zum Ausdruck (z. B. Skarnlagerstätten und Lagerstätten in paläozoischen Schichten, wie die kieseligen Erzkörper von Pörmitz-Görkwitz, Braunesumpf).

3.23 Lagerstättentyp III
Hierunter fallen stock-, lager- und gangartige Eisenerzlagerstätten. Die Form der Erzkörper ist unregelmäßig, die Vererzung meist absetzig. Die tektonische Beanspruchung durch Gang- oder Bruchtektonik ist wechselnd (z. B. metasomatische Eisenerz-Schwerspat-Lagerstätten am SW-Rand des Thüringer Waldes, Roteisensteingänge im Erzgebirge).

3.24 Auf einer Lagerstätte kann ein Lagerstättentyp auftreten, es können aber auch Lagerstättenteile mehreren Lagerstättentypen zugeordnet werden.

4. Forderungen an die Methodik der geologischen Erkundung

Die zu wählende Erkundungsmethode kann nur dann als richtig angesehen werden, wenn sie zuverlässige Daten zur Berechnung der Erzvorräte und geologisch-lagerstättenkundliche Angaben erbringt, die eine berg- und hüttenmännische Einschätzung der Lagerstätte ermöglichen.

4.1 Erkundungsmethode

4.11 Lagerstätten vom Typ I werden hauptsächlich durch Kernbohrungen erkundet. Das erforderliche Bohrnetz richtet sich nach den jeweiligen geologischen Verhältnissen und ist nach den in Tab. 2 (Anhang) zusammengestellten Richtwerten für die einzelnen Vorratsklassen festzulegen.

4.111 Beim Lagerstättentyp Ia können durch Bohrungen Vorräte aller Klassen erkundet werden.

4.112 Beim Lagerstättentyp Ib wird, mit Ausnahme der Tagebaufelder, zweckmäßigerweise mit Bohrungen nur bis zur Klasse C_1 oder B erkundet und durch bergmännische Arbeiten die Überführung in höhere Vorratsklassen vorgenommen.

4.12 Lagerstätten vom Typ II werden durch Bohrungen und bergmännische Arbeiten erkundet.

4.121 Beim Lagerstättentyp IIa wird zweckmäßigerweise mit Bohrungen nur bis zur Klasse C_1 oder B erkundet und durch bergmännische Arbeiten die Überführung in höhere Vorratsklassen vorgenommen.

4.122 Beim Lagerstättentyp IIb führen Bohrungen bei wirtschaftlich vertretbarem Erkundungsaufwand normalerweise nur bis zu Vorräten der Klasse C_1.

---

[3]) Zur Orientierung wird den Geologen im Anhang dieser Instruktion eine Übersicht über den Einfluß der schädlichen und nützlichen Komponenten gegeben. Die für jede Komponente angeführten Grenzgehalte sind Richtwerte, die jedoch nicht allgemeingültig sind.

4.13 Lagerstätten vom Typ III werden durch Bohrungen und bergmännische Arbeiten erkundet. Normalerweise werden diese Vorräte durch Bohrungen bis zur Klasse C_1, durch bergmännische Arbeiten bis zur Klasse B erkundet.

4.2 Kerngewinn bei Bohrungen

4.21 Bei einem Kerngewinn im Erz von mehr als 80% können die Bohrungen ohne geophysikalische Bohrlochmessung zur Vorratsberechnung herangezogen werden.

4.22 Bei einem Kerngewinn im Erz von 50—80% können die Bohrungen nur zur Vorratsberechnung herangezogen werden, wenn durch geophysikalische Bohrlochmessungen einwandfreie Daten für die Mächtigkeit vorliegen. Die Qualität kann von dem vorhandenen Kern auf den nicht ausgebrachten Kern extrapoliert werden, wenn es die benachbarten Aufschlüsse geologisch rechtfertigen.

4.23 Die Einbeziehung von Bohrungen mit einem Kerngewinn unter 50% zur Berechnung der Vorräte muß vom Geologen von Fall zu Fall für jede einzelne Bohrung überprüft werden. Bei Einbeziehung solcher Bohrungen sind die Vorräte in die nächstniedrigere Klasse einzustufen.

4.24 Bei Untertage-Bohrungen können von Fall zu Fall auch Bohrungen mit einem Kerngewinn zwischen 50% und 80% ohne geophysikalische Vermessung in die Berechnung einbezogen werden, wenn es ausreichend begründet werden kann.

4.3 Probenahme

4.31 Zur Bemusterung der Vorräte bei bergmännischen Arbeiten werden die Methode der Schlitzprobenahme oder gleichwertige Methoden empfohlen. Die Bemusterung muß stets so erfolgen, daß das gesamte Erzlager erfaßt wird.

4.32 Als Richtwerte für die Abstände der Probenahmepunkte gelten vorerst folgende Entfernungen:

Lagerstättentyp	Abstand in m
Ia, Ib, IIa	30—50
IIb, III	10

4.33 Je nach den geologischen Verhältnissen, die eine ungleichmäßige Zusammensetzung des Erzlagers hinsichtlich der Gehalte bedingen, ist es bei den Lagerstättentypen IIb und III erforderlich, die angetroffene Gesamtmächtigkeit so zu bemustern, daß einzelne, stofflich möglichst gleichartige Sektionen entstehen, deren Probegut auch gesondert zu analysieren ist. Die geringste Länge einer Sektion sollte nicht unter 0,8 m liegen.

4.34 Die anzuwendende Methode der Probenahme ist auf die Eigenart der Lagerstätte abzustimmen. Sie muß durch entsprechende Untersuchungen einwandfrei den Nachweis ihrer Zweckmäßigkeit erbracht haben.

4.4 Rohstoffliche Untersuchungen

4.41 Die chemische Analyse der Einzelproben hat auf die Komponente Fe zu erfolgen. Alle übrigen Komponenten, die zur Beurteilung des Erzes notwendig sind, sind ebenfalls durch die Analyse zu erfassen. Es können zu ihrer Bestimmung maximal fünf Einzelproben zu einer Sammelprobe vereinigt werden.

4.42 Bei schwerspatführenden Lagerstätten des Typs III ist von jeder Einzelprobe der Gehalt an $BaSO_4$ zu bestimmen.

4.43 Die Zuverlässigkeit der Analysenergebnisse ist durch Kontrollanalysen zu bestätigen.

4.431 Durch die äußere Kontrolle können systematische Fehler festgestellt werden. Im Verlaufe der Erkundung sind 5% der Proben (jedoch mindestens 15 Proben) in einem anderen qualifizierten Laboratorium zu untersuchen.

4.432 Durch die innere Kontrolle, d. h. wiederholte Analyse chiffrierter Probenduplikate im Eigenlabor, können vor allem zufällige Fehler festgestellt werden. Diese Kontrolle ist als ständige Kontrolle durchzuführen um die Arbeit des Labors während der ganzen Arbeitsperiode zu prüfen.

4.44 Die Durchführung der Analysenkontrolle und die Auswertung der Kontrollergebnisse hat nach der Anweisung der ZVK zu erfolgen.

4.45 Das Raumgewicht des Rohstoffes muß zuverlässig festgestellt werden. Reihenuntersuchungen sind die sicherste Methode und besonders zu empfehlen. In besonders begründeten Fällen kann das Raumgewicht des Erzes aus den Einzelraumgewichten einer größeren Anzahl repräsentativer Proben errechnet werden. Die Gewichtsbestimmung an Bohrkernen ist nur dann zulässig, wenn der Bohrkern unverfälscht vorliegt.

4.46 Die Bestimmung des Feuchtigkeitsgehaltes erfolgt am zweckmäßigsten gemeinsam mit der Raumgewichtsbestimmung. Auf detaillierte Untersuchungen kann dann verzichtet werden, wenn die Schwankungen für die Verarbeitung praktisch bedeutungslos sind.

4.5 Bergtechnische Untersuchungen

4.51 Im Verlaufe der Erkundung sind gemäß der Klassifikation die den Abbau beeinflussenden bergtechnischen Faktoren zu beachten und im Textteil des geologischen Berichtes ausführlich zu erläutern. Hierunter sind zu verstehen:

4.511 die physikalischen Eigenschaften des Nebengesteins, insbesondere die Standfestigkeit des Hangenden und Liegenden; Klüftigkeit, Gasausscheidungen, Härte und Bohrfähigkeit; der Schüttungskoeffizient der Hangend- und Liegendschichten;

4.512 die physikalischen Eigenschaften des Erzes; insbesondere Stückigkeit, Feuchtigkeit, Härte und Bohrfähigkeit sowie Schüttungskoeffizient;

4.513 das Auftreten wasserführender Horizonte, Karstschlotten, Störungszonen u. a., mögliche Wasserzuflüsse während des Abbaues sowie die Möglichkeit von Wassereinbrüchen durch Abbaueinwirkung auf die Hangendschichten;

4.514 alle übrigen geologischen Faktoren (u. a. Gebirgsdruck), die bei der Erkundung auftreten, die Gewinnung beeinflussen und die Durchführung spezieller Maßnahmen beim Abbau erfordern.

4.52 Wenn über die unter 4.511—4.514 geforderten Untersuchungen aus Lagerstätten mit ähnlichen geologischen und hydrogeologischen Verhältnissen Ergebnisse vorliegen, kann auf die Durchführung besonderer Untersuchungen verzichtet bzw. ihr Umfang weitgehend eingeschränkt werden.

4.6 Dokumentation

4.61 Für die geologische Dokumentation von Erkundungsarbeiten haben die „Vorläufige Arbeitsanweisung zur Felddokumentation geologischer Erkundungsarbeiten" der Staatlichen Geologischen Kommission vom 1. 9. 1956[4]) sowie die für die Arbeiten in den Bereichen der VVB Eisenerz—Roheisen und VVB NE-Metallindustrie von diesen Institutionen herausgegebenen Anweisungen Gültigkeit.

4.62 Diese oder andere Anweisungen können anderslautende Festlegungen der ZVK nicht außer Kraft setzen.

5. Industrieller Minimalgehalt und andere Grenzwerte für Eisenerzvorräte

5.1 Für die Abgrenzung der Vorratsgruppen untereinander sowie vom tauben Nebengestein werden Grenzwerte nach den geologischen und technischen Verhältnissen festgelegt. Diese Grenzwerte können für einzelne Lagerstätten oder Lagerstättentypen auf die Parameter Fe-Gehalt, Mächtigkeit und W_E-Zahl bezogen werden. Die Festlegung von Grenzwerten unter Beachtung nur eines dieser Parameter ist nicht zulässig, da dadurch keine exakte Abgrenzung der Vorräte möglich ist.

5.11 Die Wertzahl W_E (nach ZIMMER — Neue Hütte, H. 1, 1958) gibt aus den Werten der chemischen Analysen das Verhältnis an, das zwischen den Nutzkomponenten Fe + Mn und den Schlackenbildnern besteht. Die Wertzahl errechnet sich nach der Formel:

$$W_E = \frac{Fe + 0{,}5\,Mn}{1 + \frac{2\,(SiO_2 + Al_2O_3 - CaO - MgO) + 0{,}725\,BaSO_4{}^{5)}}{100}}$$

Die Anwendung der Wertzahl, die weitestgehend vom Chemismus des Erzes abhängt, ist nur dann auf alle Eisenerze möglich, wenn eine untere Fe-Grenze fest-

[4]) Veröffentlicht in Z. angew. Geol., Bd. 2 (1956), Heft 11/12, S. 538 bis 564.

[5]) Das Glied 0,725 $BaSO_4$ ist nur bei schwerspatführenden Eisenerzen zu berücksichtigen.

gelegt ist. Aus dieser Forderung ergeben sich drei Gruppen von Erzen, die unter den Bedingungen der Volkswirtschaft der DDR als Bilanzvorräte anzusehen sind:

a) $W_E \geqq 20$ und Fe-Gehalt $\geqq 20\%$

b) $W_E \geqq 20$ und Fe-Gehalt $\leqq 20\%$, aber nicht $< 15\%$

c) $W_E \leqq 20$ und Fe-Gehalt $\geqq 20\%$

5.12 Bei Vorratsberechnungen ist zu unterscheiden zwischen den industriellen Konditionen und den daraus resultierenden Schwellenwerten. Es sind folgende Begriffe zu unterscheiden:

5.121 bezogen auf den Gehalt: tatsächlicher Durchschnittsgehalt der Lagerstätte, industrieller Minimalgehalt, geologischer Schwellengehalt, untere Gehaltsgrenze der Berechnung von Vorräten;

5.122 bezogen auf die Mächtigkeit: tatsächliche Durchschnittsmächtigkeit der Lagerstätte, Mindestmächtigkeit für Bilanz- und Außerbilanzvorräte.

5.13 Die angeführten Begriffe werden wie folgt definiert:

5.131 Der tatsächliche Durchschnittsgehalt bzw. die entsprechende Wertzahl bezeichnet den Durchschnittsgehalt bzw. die Durchschnittswertzahl des an die Hütte oder Aufbereitung gelieferten Roherzes sowie den Gehalt bzw. die Wertzahl der Lagerstätte oder eines Teiles der Lagerstätte (berechnet nach den vorliegenden Erkundungsergebnissen).

5.132 Der industrielle Minimalgehalt bzw. die entsprechende Wertzahl bezeichnet die Mindestanforderungen der Hütte an die durchschnittliche chemische Zusammensetzung des zu verhüttenden Eisenerzes. Es handelt sich also um den durchschnittlichen Fe-Gehalt bzw. die durchschnittliche Wertzahl einer Monats- bzw. Jahreslieferung, unter welcher eine Verarbeitung des Erzes z. Z. ökonomisch nicht mehr gerechtfertigt erscheint. Dieser Wert ist nie niedriger als der geologische Schwellengehalt.

5.133 Der geologische Schwellengehalt ist die Grenze, bis zu der für jeden Block, Lagerstättenteile bzw. für die ganze Lagerstätte Teile geringwertiger Vorräte zum Verschneiden besonders reicher Partien herangezogen werden können und die die abbauwürdigen (Bilanzvorräte) von den nicht abbauwürdigen (Außerbilanzvorräte) Vorräten trennt. Der geologische Schwellengehalt liegt meist unter den industriellen Grenzwerten.

5.134 Die untere Gehaltsgrenze der Berechnung von Außerbilanzvorräten trennt diese vom Nebengestein.

5.135 Der tatsächliche Durchschnittsgehalt bzw. die entsprechende Wertzahl bildet die Grundlage für die betriebliche Planung und Abrechnung. Der industrielle Minimalgehalt ist die wichtigste Bezugsgröße für die Vorratsberechnung. Er wird durch die Staatliche Plankommission unter Mitarbeit der Zentralen Vorratskommission für mineralische Rohstoffe und der Industrie festgelegt.

5.2 Unter Beachtung von Punkt 5.133 werden von der Staatlichen Plankommission unter Mitarbeit der Zentralen Vorratskommission und der Industrie folgende industrielle Grenzwerte (Konditionen) für jede Lagerstätte bzw. Lagerstättenteile zur Berechnung der Vorräte festgelegt:

5.21 der industrielle Minimalgehalt und die entsprechende Wertzahl;

5.22 die Mindestmächtigkeit der Bilanzvorräte;

5.23 die untere Gehaltsgrenze der Außerbilanzvorräte;

5.24 die Mindestmächtigkeit der Außerbilanzvorräte.

6. Einstufung der Vorräte in die Vorratsgruppen und -klassen

6.1 Für die Einstufung der Vorräte in die einzelnen Vorratsgruppen und -klassen ist die „Klassifikation der Lagerstättenvorräte fester mineralischer Rohstoffe" vom 4. 9. 1956 zugrunde zu legen.

6.2 Vorratsgruppen

6.21 Zu den Bilanzvorräten gehören jene Vorräte, deren Gesamtheit hinsichtlich Mächtigkeit, Gehalt und Wertzahl den industriellen Konditionen entspricht und deren Gewinnung und Weiterverarbeitung technologisch geklärt sind. Für neuerkundete Lagerstätten sind halbtechnische Aufbereitungs- und Verhüttungsversuche durchzuführen, deren Ergebnisse der Vorratsberechnung beizufügen sind.

6.22 Zu den Außerbilanzvorräten gehören solche Vorräte, deren Mächtigkeit, Gehalt und Wertzahl, besonders komplizierte Lagerungsverhältnisse u. a. gegenwärtig ihre volkswirtschaftliche Nutzung nicht ermöglichen. Hierzu gehören außerdem alle jene Vorräte, deren Verarbeitung technologisch noch nicht geklärt ist.

6.23 Es ist zweckmäßig, bei den Außerbilanzvorräten jenen Teil gesondert zu führen, der bei verhältnismäßig geringfügigen Verbesserungen in der Technik des Abbaues, der Aufbereitung und Verhüttung einer wirtschaftlichen Verwertung zugeführt werden kann. Es handelt sich somit um Vorräte:

6.231 deren Mächtigkeit nur um ein geringes unter den Mindestmächtigkeiten liegt;

6.232 deren Gehalte und/oder Wertzahlen nur um ein geringes unter den Mindestgehalten und/oder Wertzahlen liegen;

6.233 bei denen der Einfluß der schädlichen Beimengungen in absehbarer Zeit technisch überwunden werden kann;

6.234 an deren Technologie der Verarbeitung (Aufbereitung, Verhüttung usw.) gegenwärtig erfolgversprechend gearbeitet wird.

6.24 Die in Sicherheitspfeilern oder anderweitig gebundenen Vorräte sind nach folgenden Gesichtspunkten einzustufen:

6.241 Vorräte in ewigen Sicherheitspfeilern gehören selbst bei bilanzwürdiger Ausbildung zu den Außerbilanzvorräten. Sie sind in dieser Vorratsgruppe jedoch getrennt zu führen.

6.242 Vorräte in befristeten Sicherheitspfeilern, Schweben u. a. gehören bei bilanzwürdiger Ausbildung zu den Bilanzvorräten, müssen aber in dieser Vorratsgruppe infolge ihrer zeitweiligen Blockierung gesondert geführt werden.

6.243 Bilanzwürdige Vorräte in abseits gelegenen Restfeldern, deren Abbau z. Z. ökonomisch nicht zu vertretende Kosten verursacht, werden als Außerbilanzvorräte gesondert geführt. (Eine ökonomische Begründung ihrer Eingruppierung ist der Vorratsberechnung als Anlage beizufügen.)

6.244 Für die in ewigen oder befristeten Sicherheitspfeilern gebundenen bilanzwürdigen Vorräte sind für jede Vorratsposition kurze Begründungen im Text zur Vorratsberechnung anzugeben.

6.3 Vorratsklassen

6.31 Zur Klasse A_1 gehören Vorräte, für die alle Bedingungen des § 5 Punkt 1a der „Klassifikation der Lagerstättenvorräte fester mineralischer Rohstoffe" erfüllt sind. Vorräte dieser Klasse können bei allen Lagerstättentypen nur durch die Vorrichtung vor dem Abbau der Vorräte geschaffen werden. Bei gewissen Abbaumethoden ist dieses auch dann nicht oder nur in geringem Ausmaße möglich.

6.32 Zur Klasse A_2 gehören Vorräte, für die alle Bedingungen des § 5 Punkt 1b der vorgenannten Klassifikation erfüllt sind. Für Eisenerzlagerstätten ist folgendes zu beachten:

6.321 Für die Abstände der Bohrungen und bergmännischen Arbeiten gelten die in der Tabelle 2 genannten Richtwerte.

6.322 Die Berechnung von Vorräten der Klassen A_2 (und A_1) erfolgt aus Rissen im Maßstab nicht kleiner als 1:1000; für die Lagerstättentypen IIb und III nicht kleiner als 1:500.

6.33 Zur Klasse B gehören Vorräte, für die alle Bedingungen der „Klassifikation der Lagerstättenvorräte fester mineralischer Rohstoffe" § 5 Punkt 1c erfüllt sind.

6.331 Für die Abstände der Bohrungen und bergmännischen Arbeiten gelten für die verschiedenen Lagerstättentypen die Richtwerte der Tab. 2.

6.332 Bei bergmännischer Erkundung oder Aus- und Vorrichtungsarbeiten gehören zu dieser Klasse Vorräte, die durch bergmännische Arbeiten (streichende Strekken, Überhauen, Flachen usw.) mindestens zweiseitig begrenzt und bemustert sind.

6.333 Die Berechnung von Vorräten der Klasse B erfolgt aus Rissen im Maßstab nicht kleiner als 1:1000.

6.34 Zur Klasse C_1 gehören Vorräte, die dem Punkt 1d des § 5 der „Klassifikation der Lagerstättenvorräte fester mineralischer Rohstoffe" entsprechen.

6.341 Es handelt sich hierbei in der Hauptsache um Vorräte, die durch Bohrungen erkundet wurden. Für die Abstände zwischen den Bohrungen gelten die Richtwerte der Tab. 2.

6.342 Ferner können zu dieser Klasse Vorräte gerechnet werden, die im Anschluß an Vorratsblöcke höherer Klassen durch Extrapolation der für die Klasse B (s. Tab. 2) gültigen Entfernungen erhalten wurden.

6.343 Die Erzsorten und ihre Verteilung können in den Blöcken dieser Klasse oft nur unter Auswertung der Daten aus benachbarten Vorratsblöcken höherer Klassen in allgemeiner Form angegeben werden.

6.344 Wenn bei relativ wenigen Erkundungsdaten die ermittelten Gehalte nahe am industriellen Minimalgehalt liegen, so werden die Gehalte anliegender Blöcke, die geologische Situation u. a. hinzugezogen, um über die Eingruppierung der Vorräte in Bilanz- oder Außerbilanzvorräte zu entscheiden.

6.345 Die Berechnung von Vorräten der Klasse C_1 erfolgt aus Rissen im Maßstab nicht kleiner als 1:5000.

Anhang

Tab. 1. Übersicht über die Lagerstättentypen mit Erzmineralien, petrographischen Daten und geologischem Alter der Erze

Lagerstättentyp	Bezeichnung der Lagerstätte	Erzbildende Mineralien	Petrographische Daten der Erze	Geologisches Alter der Erze
Ia	Sommerschenburg	Limonit Eisensilikate Siderit Hämatit	Oolithische Erze: Limonit und Toneisensteingeoden sind in eine kalkige, mehr oder weniger stark sandige Grundmasse eingebettet.	Jura (Lias α_3) Dogger (Makrocephalenschichten usw.) Dogger (Cornbrash) Oxford (Korallenoolith)
Ia	Kleiner Fallstein Norddeutschland (Waddekath)	Limonit Siderit	Limonitooide und Bruchstücke ehemaliger Toneisensteingeoden sind in eine tonige mehr oder weniger stark sandige Grundmasse mit kalkigem Bindemittel eingebettet.	Unterkreide (Neokom) Oberkreide (Santon/Coniac)
Ib	Schmiedefeld (Unterer Erzhorizont)	Eisenchlorit Hämatit Siderit	U. a. chloritische Trümmererze; die Erzstückchen sind in eine feinkörnige Grundmasse von Eisenchlorit und Siderit eingebettet.	Ordovizium (Gräfenthaler Serie)
Ib	Schmiedefeld Gebersdorf Wittmannsgereuth Gräfenthal Am Eisenberg	Chamosit Thuringit Siderit	Chamositooide sind in ein Bindemittel eingebettet, das sich in der Hauptsache aus Siderit und Eisenchlorit zusammensetzt.	Ordovizium (Gräfenthaler Serie)
IIa	Büchenberg und Mandelholz	Hämatit Magnetit Siderit	Das magnetitische Erz besteht aus einem Gemenge von Magnetit und Eisenchlorit, ist oft kieselig, seltener kalkig. Das hämatitische Erz ist meist kalkig, teilweise kieselig.	Unteres Oberdevon (Adorf bzw. *Manticoceras*-Stufe)
IIb	Schleiz-Pörmitz Braunesumpf	Hämatit Magnetit Siderit	Kieseliges Roteisenerz, dichtes Roteisenerz, kalkiges Erz.	Unteres Oberdevon (Adorf bzw. *Manticoceras*-Stufe)
III	Schmalkalden	Limonit Mn-Hydroxyde Siderit (Hämatit)	Die Hauptmenge der Erze wird von Mn-haltigen Eisenhydroxyden gebildet, das Erz hat wechselnde Beimengungen von Karbonaten, Quarz und Flußspat, es ist stets mit Schwerspat verwachsen und hat metasomatisch den Zechsteinkalk verdrängt.	Wende Kreide/Tertiär

Tab. 2. Richtwerte für den Abstand der geologischen Erkundungsarbeiten (Bohrungen, Schürfe, bergmännische Aufschlüsse) in Abhängigkeit von den Typen der Eisenerzlagerstätten der DDR

Lagerstättentyp	Art der Erkundungsarbeiten	Abstände, Entfernungen usw. der Bohrungen und bergmännischen Arbeiten für Vorräte der Klassen in m			
		A_2	B	C_1	C_2
I a	1. Bohrungen	100	250	1000	2000
	2. Bergmännische Arbeiten	200	400	–	–
b	1. Bohrungen	–	50	150	300–500
	2. Bergmännische Arbeiten	100	200	300	–
II a	1. Bohrungen	–	50	200	400–600
	2. Bergmännische Arbeiten	100	200	400	–
b	1. Bohrungen	–	30	100	200–300
	2. Bergmännische Arbeiten	50	100	200	–
III	1. Bohrungen	–	–	100	200
	2. Bergmännische Arbeiten*)	–	–	–	–

*) Beim Lagerstättentyp III richtet sich die Erkundung durch bergmännische Arbeiten nach den jeweiligen betrieblichen Bedingungen.

Tab. 3. Maximal zulässige Abweichungen bei Eisenerzanalysen (Punkt VII der TGL-Preisbestimmung Eisenerz)

Komponenten	Fe-Gehalt im Erz in absoluten %	Größte zulässige Differenz zwischen zwei Parallelbestimmungen in absoluten %
Gesamteisen	über 30	0,30
	10–30	0,30
	10	0,24
Eisen(II)-oxyd	über 5	0,35
	5	0,35
Mangan	über 5	0,24
	1–5	0,22
	1	0,20
Kieselsäure	30–50	0,60
	10–30	0,40
	10	0,30
Aluminiumoxyd	10–20	0,30
	10	0,20
Magnesiumoxyd	über 5	0,40
	5	0,30
Kalziumoxyd	über 25	0,50
	5–25	0,42
	5	0,40
Schwefel	1–10	0,15
	1	0,011
Bariumsulfat	über 20	0,80
	10–20	0,80
	10	
Phosphor	über 0,3	0,004
	0,3	0,05

Tab. 4. Erzsorten, die in der DDR verarbeitet werden, und ihre durchschnittlichen Gehalte

Erzsorte	Durchschnittliche Gehalte des Erzes in %										Glüh-verlust %	W_E
	Fe	Mn	SiO_2	Al_2O_3	CaO	MgO	$BaSO_4$	P	S	H_2O		
Badeleben	22,09	0,26	38,17	6,75	1,67	1,43	–	0,31	0,05	11,79	7,11	12,06*)
Büchenberg	21,74	0,37	22,40	3,11	20,47	1,25	–	0,13	0,13	0,99	19,22	20,30*)
Braunesumpf	21,26	0,46	22,18	4,64	18,99	1,32	–	0,21	0,11	2,50	17,84	18,92*)
Schmalkalden	30,25	3,35	9,89	0,57	2,39	0,89	21,91	0,06	0,31	6,26	8,47	23,91*)
Schmiedefelder Röst-Stückerz	40,26	0,54	19,42	11,66	2,85	2,89	–	0,74	–	–	3,26	26,89
Schmiedefelder Röst-Feinerz	33,22	0,47	25,01	13,34	3,58	2,77	–	0,58	–	–	4,81	20,40
Schmiedefelder Roh-Feinerz	29,28	0,49	22,75	11,68	2,53	2,62	–	0,57	–	–	16,14	18,61
Wittmannsgereuther Hochofenerz	32,11	0,64	17,80	10,46	2,86	2,55	–	0,59	–	–	17,84	22,26
Wittmannsgereuther Rennerz	34,14	0,28	27,90	10,60	1,55	1,09	–	0,79	–	–	–	19,96
Importerze												
Kriwoi-Rog (fein)	52,85	0,19	18,22	2,24	1,00	0,49	–	–	–	–	–	38,4
Kriwoi-Rog (grob)	47,40	0,17	26,99	1,56	0,85	0,55	–	–	–	–	–	30,8
China-Erz	57,76	0,70	9,45	2,46	0,54	0,71	–	–	–	–	–	47,9
Kertscher Konzentrat	43,43	2,41	11,44	4,08	2,15	1,63	–	–	–	–	–	36,1
Tula-Erz	42,00	0,76	18,72	5,76	1,07	0,86	–	–	–	–	–	29,2

*) bezogen auf die Verhüttung im Niederschachtofen

Tab. 5. Übersicht über den Einfluß der schädlichen und nützlichen Komponenten der Eisenerze auf die Qualität und den Verarbeitungsprozeß des Roheisens

	Komponente	Einfluß auf Qualität und Verarbeitungsprozeß	Richtwert für den Gehalt im Roherz
schädliche Beimengungen	Schwefel	erschwert bereits die Roheisenerzeugung, da mit größeren Schlackenmengen und höherer Basizität gearbeitet werden muß. Außerdem sind kostspielige Entschwefelungsverfahren außerhalb des Ofens notwendig. Er kann bei der Stahlherstellung nur mit großen Schwierigkeiten entfernt werden. Der Stahl wird dadurch rotbrüchig, so daß eine Weiterverarbeitung durch spanlose Verformung sehr schwierig wird.	1% S für eine optimale Verhüttung im Hoch- oder Niederschachtofen
	Arsen	geht bei der Verhüttung fast vollständig in das Roheisen über. Zur Zeit bei der Stahlherstellung fast nicht zu entfernen. As führt zur Kaltbrüchigkeit und verschlechtert die Schweißbarkeit. Bereits 0,1% As im Stahl wirkt sich äußerst schädlich aus.	0,1% des Fe-Gehaltes an As
	Zinn	löst sich im Roheisen und geht in den Stahl über; es erhöht die Sprödigkeit des Stahles.	0,05% des Fe-Gehaltes an Sn
	Zink	verdampft im unteren Teil des Hochofenschachtes bei Verhüttung Zn-haltiger Erze und kondensiert in den höher gelegenen Zonen wieder. Der Zn-Dampf dringt in die Fugen des Mauerwerkes ein und zerstört es. Das kondensierende Zink setzt sich als ZnO ab und wirkt zerstörend auf das Steinmaterial und fördert die Ansatzbildung im Ofen. Außerdem ruft das metallische Zink im Gichtstaub die Selbstentzündung hervor.	0,3% des Fe-Gehaltes an Zn
	Blei	sammelt sich im Hochofen unter dem Roheisen an und kann durch Zerstören der Gestellausmauerung durchbrechen, so daß der Ofen außer Betrieb gesetzt wird. Höhere Bleigehalte verlangen besondere Einrichtungen zum Ablassen, z. B. einen Bleiabstich unter dem Roheisenabstich.	0,1% Pb
	Kupfer	ist für viele Stahlsorten unerwünscht und schädlich bei höheren Gehalten, wenn keine Entkupferung des Roherzes vor der Verarbeitung erfolgt.	0,2% des Fe-Gehaltes an Cu
	Phosphor	geht bei der Verhüttung zu 95% in das Roheisen über und wird etwa im selben Verhältnis angereichert wie das Eisen. Kann sich sowohl schädlich wie auch nützlich auf die Stahlqualität auswirken. Eisenerze mit geringem P-Gehalt werden bei der Thomasroheisenherstellung aus wirtschaftlichen Gründen möglichst nicht eingesetzt, da sonst phosphorhaltige Mineralien besonders zugesetzt werden müssen. Zu hohe P-Gehalte im Stahl (> 0,05%) führen zur Erhöhung der Festigkeit und Streckgrenze sowie zur Verschlechterung der Zähigkeitswerte (Kaltbrüchigkeit). Bei Edelstählen erfolgt Anlaßversprödung durch hohen Phosphoranteil. Bei Stahl für spanabhebende Verformung und bei Gußeisen mit guter Fließbarkeit (Kunstguß) sind höhere Phosphorgehalte notwendig.	2% des Fe-Gehaltes (für Erzeugung von Thomasroheisen) 0,15% des Fe-Gehaltes (für Erzeugung von Spiegeleisen und Ferro-Mangan) an P
nützliche Beimengungen	Mangan	Roherze mit Gehalten über 1% Mn werden als Manganträger angesehen. Bei der Erzeugung von Roheisen geht Mn je nach Ofenführung zu 30–60% in das Roheisen über; ein möglichst konstanter Mangangehalt ist anzustreben.	1,3% Mn (für die Erzeugung von Thomas-Roheisen) 3% Mn für die Erzeugung von Stahleisen
	Chrom	geht bei der Verhüttung zu 90% in das Roheisen über. Höhere Chromgehalte im Roheisen sind nur erwünscht bei naturlegiertem Gießereiroheisen. Für Stahleisenherstellung sind Cr-Gehalte nachteilig, da der Stahlherstellungsprozeß erschwert wird.	0,15% des Fe-Gehaltes an Cr
	Kobalt, Nickel	gehen bei der Verhüttung zu 90% in das Roheisen über und veredeln den Stahl. Bei höheren Gehalten an Co und Ni ist die Technologie der Verarbeitung des Roherzes zu ändern. Höhere Co- und Ni-Gehalte im Roherz wirken sich bei der Herstellung von Kohlenstoffstählen schädlich aus.	0,15% des Fe-Gehaltes an Co und Ni

6.35 Zur Klasse C_2 gehören Vorräte, die dem Punkt 1e des § 5 der „Klassifikation der Lagerstättenvorräte fester mineralischer Rohstoffe" entsprechen.

6.351 Eine Einstufung in die Klasse C_2 erfolgt dann, wenn:

6.3511 die Entfernungen zwischen den Erkundungsarbeiten die für Klasse C_1 vorgesehenen Richtwerte wesentlich übersteigen;

6.3512 die Eigenschaften der Rohstoffe gemäß den Forderungen für Klasse C_1 unzureichend untersucht wurden.

6.3513 Ferner können zu dieser Klasse Vorräte gerechnet werden, die an Vorräte der Klassen A_2, B und nicht-extrapolierte Vorräte der Klasse C_1 angrenzen. Die Extrapolation darf dabei die in Tab. 2 angegebenen Richtwerte für C_1-Vorräte nicht übersteigen.

6.352 Die Berechnung von Vorräten der Klasse C_2 erfolgt aus Rissen im Maßstab nicht kleiner als 1:10000.

6.36 Als prognostische Vorräte sind solche Vorräte gesondert anzugeben, die nach Einzelaufschlüssen oder geologisch und/oder geophysikalisch begründeten Annahmen im Anschluß an bereits bekannte Lagerstätten oder in neuen höffigen Gebieten zu erwarten sind. Diese Vorräte werden von der ZVK nicht bestätigt.

7. Volkswirtschaftliche Bedeutung der Vorräte

7.1 Die Erkundung neuer Eisenerzlagerstätten erfolgt im allgemeinen nur bis zu den Klassen B und C_1. A_2-Vorräte werden in der Regel erst durch den Bergbaubetrieb festgestellt.

7.2 Die Vorräte der Klassen A_2, B und C_1 bilden die Grundlage für Planung und Investitionen, dabei müssen mindestens 30% der Vorräte in den Klassen A_2 und B vorliegen.
Wenn die Erkundung aus Kostengründen nicht bis zur Klasse A_2 geführt werden kann, so kann bereits auf der Grundlage nur von B- und C_1-Vorräten investiert werden. In solchen Fällen ist die Erforschung der Lagerungsverhältnisse, der Rohstoffqualitäten und der technologischen Eigenschaften der Vorräte der Klasse B in dem Ausmaß notwendig, wie es für Vorräte der Klasse A_2 vorgeschrieben ist, außerdem sollte der Anteil der B-Vorräte mindestens 30% betragen.

7.3 Die Vorräte der Klassen A_2, B, C_1 und C_2 bilden die Grundlage für die Perspektivplanung des Industriezweiges. C_2-Vorräte berechtigen zu Aufwendungen für geologische Erkundungsarbeiten.

7.4 Bei in Produktion stehenden Betrieben erfolgt der Abbau auf der Basis der Vorräte der Klassen A_1, A_2, B und C_1. Der Anteil der Vorräte der Klassen A_2 und B wird durch das Werk so festgelegt, daß eine normale Abbauführung entsprechend den Produktionsplänen des Betriebes gesichert ist.

7.5 Prognostische Vorräte berechtigen zu Ausgaben für geologische und geophysikalische Such- und Vorerkundungsarbeiten sowie zur volkswirtschaftlichen Perspektivplanung.

8. Anhang

8.1 Übersicht über die Lagerstättentypen mit Erzmineralien, petrographischen Daten und geologischem Alter der Erze (Tab. 1).

8.2 Richtwerte für den Abstand der geologischen Erkundungsarbeiten (Bohrungen, Schürfe, bergmännische Aufschlüsse) in Abhängigkeit von den Typen der Eisenerzlagerstätten der DDR (Tab. 2).

8.3 Maximal zulässige Abweichungen bei Eisenerzanalysen (Tab. 3).

8.4 Erzsorten der DDR und ihre durchschnittlichen Gehalte an Fe, Mn und Schlackenbildnern (Tab. 4).

8.5 Übersicht über den Einfluß der schädlichen und nützlichen Komponenten der Eisenerze auf die Qualität und den Verarbeitungsprozeß des Roheisens.

8.51 Die Hüttenwerke der DDR stellen an die Beschaffenheit der Eisenerze unterschiedliche Forderungen, die im DDR-Standard „Eisenerze" (TGL 9689) enthalten sind.

8.52 Über die in der TGL 9689 gegebenen Forderungen hinaus werden den Geologen in Tab. 5 für jede Komponente Gehalte genannt, die als Richtwerte anzusehen sind, jedoch keine allgemein verbindlichen Grenzgehalte darstellen. Sie dienen lediglich zur Orientierung und sollen ihren Einfluß auf die Qualität und den Verarbeitungsprozeß des Roheisens charakterisieren.

Diese Instruktion tritt mit dem Tage ihrer Bestätigung in Kraft.

Berlin, den 26. Januar 1961

ZENTRALE VORRATSKOMMISSION
FÜR MINERALISCHE ROHSTOFFE
Der Vorsitzende
Süß

Lesesteine

Westdeutsche Wirtschaft in Ägypten, Indien und Burma

Die „Deutsche Woche", München, beschwerte sich am 11. 1. 1961 darüber, daß man über die Durchführung des Baues des Assuan-Staudamms, der „ein Beispiel für vorbildliche Wirtschaftshilfe" ist, nichts mehr in der westdeutschen Presse höre. Deren „Unkenrufe", die sowjetischen Ingenieure würden den Bau nicht bewältigen können, seien verstummt; denn alle Probleme „wurden erstaunlich gemeistert".

„Wo keine modernen Großbagger eingesetzt werden können, arbeiten arabische Fellachen mit Spitzhacken und Körben wie zur Zeit der Pharaonen. Im Gegensatz zu jenen Tagen haben sie jedoch das Bewußtsein, mit ihrem Schweiß für sich und ihre Kinder eine bessere Zukunft zu bauen."

Das projektierte Kraftwerk wird statt der ursprünglich vorgesehenen 2,1 Mill. kW eine Kapazität von 2,4 Mill. kW erhalten. Statt der veranschlagten 25% wird die Sowjetunion im kommenden Jahr 40% aller Maschinen und Materialien, die für die Urbarmachung des durch den Hochstaudamm zu bewässernden Landes notwendig sind, liefern.

Die mit dem Krupp-Konzern eng liierte DEMAG hat sich mit vielen ihrer laut angepriesenen Projekte in den unterentwickelten Ländern blamiert. Erst klappte es nicht mit dem ägyptischen Stahlwerk Heluan, das durch sowjetische Experten flott gemacht werden mußte. Im indischen Stahlwerk Rourkela lag 1960 der Ausstoß um 44% niedriger als die Produktion Bhilais, des von der Sowjetunion mit der gleichen Kapazität gelieferten Stahlwerkes.

„Mögen sich die freien Nationen Asiens vor solcher westlichen ‚Hilfe' hüten", schrieb Indiens größte Wochenzeitschrift „Blitz". — „Die Bonner Imperialisten wollen die koloniale Ökonomie in Asien verewigen!"

„Die westdeutschen Kapitalisten machen kein Geheimnis daraus, daß sie gegen eine Festigung des staatlichen Sektors in der Wirtschaft der unterentwickelten Länder sind und daß sie für fremdes Privatkapital absolute Aktionsfreiheit fordern. Sie unterstützen auch nicht den Wunsch der asiatischen Nationen, eine eigene Schwerindustrie aufzubauen."

Die „Süddeutsche Zeitung", München, vom 11. 12. 1960, stellt fest, daß es in Rourkela „auf deutscher Seite keine eigentlichen Vertragspartner" gab, es schlossen 36 westdeutsche Unternehmungen Einzelverträge mit dem indischen Staat ab. Schuld an dem Zurückbleiben des westdeutschen Projektes gegenüber dem sowjetischen Bau sind natürlich, wie immer bei Militaristen und Imperialisten, die anderen: „So ist es lediglich auf politischen Druck aus Delhi zurückzuführen, daß die Hochöfen in Rourkela ihre Produktion aufnehmen mußten, sobald sie betriebsfertig waren, obwohl für die weitere Verarbeitung erforderliche Anlagen des Stahlwerkes noch lange nicht fertig waren. Trotzdem mußte die Produktion anlaufen, weil man dem Parlament Produktionsziffern vorweisen wollte. Daraufhin entstanden erhebliche unverkäufliche Lagerbestände an Zwischenprodukten. Es liegen insgesamt 90000 t Stahl auf Lager, was einem Wert von 40 Mill. Rupien entspricht."

Als die Schwierigkeiten immer größer wurden, „haben die Russen kurzerhand der Hindustan Steel angeboten, die Betriebsmannschaft für das von den Deutschen gebaute Stahlwerk zur Verfügung zu stellen. Für die Hindustan Steel war das Angebot insofern attraktiv, als ein russischer Betriebsmann im Monat nur 2500 Rupien kostet, also bedeutend weniger als ein deutscher Fachmann." Von den Indern wurde beschlossen, die Jahreskapazität des Bhilai-Werkes auf 2,5, die des Rourkela-Werkes auf 1,8 Mill. t zu erhöhen.

Bei Rangun hatte die DEMAG ein kleines Stahlwerk von 20000 t errichten sollen, die Anlage aber, die die Burmanen bezahlen sollten, war auf etwa 200000 t projektiert. Es wurden Aggregate aufgestellt, die dem gegenwärtigen Stand der industriellen Entwicklung Burmas nicht entsprechen. Ebenso wie in Indien wies man auch in Burma die einheimischen Werkleitungen unzureichend in den Betrieb der gelieferten Ausrüstungen ein, damit Mißerfolge auftreten und die Öffentlichkeit daran Zweifel hegen sollte, ob die Politik der Industrialisierung richtig wäre. Der Staat Burma fordert einen Schadenersatz von 4 Mill. Mark von den westdeutschen Erbauern.

Hören wir noch einmal die „Süddeutsche Zeitung":

„Die deutschen Firmen, die Rourkela aufgebaut haben, hatten rein geschäftliche und technische Interessen und waren nicht darauf gefaßt, auf die politischen Kontroversen einzugehen, die sich in der indischen Öffentlichkeit und auch in der internationalen Presse ergeben haben. Man wird feststellen dürfen, daß es wohl auch Sache der Bundesregierung gewesen wäre, dafür zu sorgen, daß die indische Öffentlichkeit etwas mehr darüber erfahren hätte, wie wir diese Dinge sehen. Es ist in der Tat erstaunlich, daß die Bundesregierung so gut wie keine Kenntnis von diesem großen Projekt genommen hat. Sie hat offensichtlich nicht erkannt, welche weitreichende politische Bedeutung diesem Stahlwerkprojekt zukam, wie weitgehend die Öffentlichkeit in Indien, ja in ganz Asien, Rourkela als ein Paradebeispiel westlicher Technik und westlicher Wirtschaftsmethoden wertet. Man hat in Bonn offensichtlich den Aufbau von Rourkela als private Angelegenheit deutscher Firmen betrachtet . . . Wie kein anderes industrielles Unternehmen im Ausland hat der Bau des Stahlwerkes in Rourkela Erfahrungen gebracht, die bei weiteren industriellen Bauvorhaben dieser Größenordnung in Asien und Afrika berücksichtigt werden sollten."

Die sowjetische Planwirtschaft hat in Assuan, Heluan, Rourkela und Rangun die Profitmacherei westdeutscher Wirtschaftskreise eindeutig besiegt. Die erwachten Völker wissen sehr gut zwischen freundschaftlicher Hilfe und Übervorteilung zu unterscheiden. Sie haben erkannt, wer ihre Stahlindustrie entsprechend den Bedürfnissen und Hilfsmitteln ihrer Länder aufbauen will und welche Kräfte einen solchen Aufbau mit heimtückischen Mitteln verhindern wollen. Der westdeutsche Bundeskanzler ist eindeutig Handlanger der Konzerne an Rhein und Ruhr. Er darf und kann nicht daran denken, deren Profitinteressen auszuschalten, die im Ausland letztlich die anerkennenswerten Leistungen westdeutscher Ingenieure, Techniker und Wissenschaftler schmälern. e

Besprechungen und Referate

REICH, H.

Grundlagen der angewandten Geophysik für Geologen

Akademische Verlagsgesellschaft Geest & Portig, Leipzig 1960. — VIII + 236 S., 112 Abb., 32 Tab., DM 26,—

Es ist sehr anerkennenswert, daß der Autor trotz hohen Alters eine Neuauflage seines bekannten Lehrbuches bearbeitet hat. Das Werk wendet sich betont an den mehr geologisch orientierten Interessenten für die Geophysik, verzichtet demzufolge auf eine ausführliche mathematisch-physikalische Behandlung der Probleme und stellt bewußt die praktische Anwendung geophysikalischer Methoden in den Vordergrund. Bei der Aufteilung des Stoffes in eine reine Beschreibung der Verfahren und anschließend in eine Erläuterung der Anwendung, jetzt aber nach Aufgabengebieten gegliedert, kommt es naturgemäß zu vielen Wiederholungen. Andererseits werden manchmal Dinge vorausgenommen, für die das richtige Verständnis durch fehlende Anschaulichkeit noch nicht da sein kann.

Wir vermissen einige Hinweise auf wesentliche technische Kunstgriffe der Seismik wie Filtern, Mischen und Bündeln, aber auch auf neue Geräte (Seismische Magnetbandapparatur) und Verfahren (z. B. Induzierte Polarisation, elektrische Dipolsondierung), die heute von Bedeutung geworden sind. Auch über moderne Auswertungsmethoden, wie die Berechnung höherer Ableitungen des Schwerepotentials und die dreidimensionale Auswertung seismischer Messungen, müßte einiges Grundsätzliches gesagt werden. Für den Geologen wäre es sicher noch von Interesse, etwas mehr über die Genauigkeit geophysikalischer Angaben, z. B. die Tiefenlage seismischer Horizonte und das Äquivalenzprinzip bei geoelektrischen Tiefensondierungen, zu erfahren.

Die Beispiele für die Anwendung geophysikalischer Methoden auf geologische Probleme sind im allgemeinen gut ausgewählt und dürften auch für den Geologen verständlich sein. Das hierzu herangezogene Bildmaterial ist erfreulicherweise in den meisten Fällen jüngeren Ursprungs, allerdings kommt dabei die Lösung oberflächennaher Probleme, z. B. mit den verschiedenen Möglichkeiten der Geoelektrik, etwas zu kurz. Das gilt auch für die Anwendung mehrerer sich ergänzender Methoden bei ein und derselben Aufgabenstellung. Der Geologe wird vielleicht noch die Leitlinie für eine wissenschaftliche und vor allem ökonomisch wirkungsvolle Zusammenarbeit mit dem Geophysiker vermissen.

Im übrigen findet der Fachmann bedauerlicherweise eine große Anzahl von Druckfehlern, die sich besonders in die Formeln eingeschlichen haben und vor einer Neuauflage unbedingt korrigiert werden müßten. Bei dieser Gelegenheit sollte auch die Literaturangabe besser dem modernen Stand angepaßt werden. G. NOSSKE

JACOBS, J. A., R. D. RUSSELL & J. T. WILSON

Physics and Geology

McGraw-Hill, New York—Toronto—London 1959. — XII, 424 S., 172 Abb.; 76 s.

„Physics and Geology" beruht auf Vorlesungen für Physik- und Geologiestudenten an der Universität von Toronto. Im Vorwort betonen die Verfasser, daß sich die moderne Wissenschaft nicht nur mit der festländischen Kruste, sondern mit dem gesamten Erdkörper — einschließlich der größten Tiefen wie der äußeren Atmosphäre — beschäftigen kann und muß.

Die ersten zehn Kapitel — Weltall und Sonnensystem, Seismologie und Erdinneres, Zusammensetzung der Erde, Gestalt der Erde und Gravitation, thermische Entwicklung der Erde, Geomagnetismus, Physik der oberen Atmosphäre, Geochronologie, Isotopengeologie, mechanisches Verhalten von Gesteinen — geben die neuen Erkenntnisse auf diesen Gebieten wieder. Erwähnt sei, daß die Darstellung der Zusammensetzung der Kruste von den Gesteinsassoziationen ausgeht. Hinzuweisen ist ferner auf den Abschnitt über Chronologie des Präkambriums. Das übliche Schema einer Zwei- (bzw. Drei-) Teilung des Präkambriums steht im Widerspruch zu den absoluten Alterszahlen. Die zwei bis drei großen Orogenesen in verschiedenen Grundgebirgsprofilen brauchen keineswegs gleichaltrig zu sein. Das Präkambrium dürfte eine wesentlich größere Zahl von Zyklen umfassen.

Im zweiten Teil des Buches werden die Hauptelemente einer räumlichen Systematik der Erdkruste besprochen: Ozeanböden (mit einem Sonderkapitel über Untersuchungsmethoden), ozeanische Mittelschwellen, Inselbögen und Gebirge, inaktive Gebirge und Kontinente. Diese Kapitel sind von besonderem Interesse, weil in ihnen der Bau der zirkumpazifischen Gebirge, der Schelfe und der Ozeane ausführlich besprochen wird. Ausgehend von der Bogenform der Inselketten und Faltengebirge, werden primäre (mit großem Tiefgang) und sekundäre (ohne Tiefgang) Bogenelemente unterschieden. Primäre Doppelbögen bestehen aus einem äußeren Streifen mit Sedimenten in Grauwackenfazies (z. T. ersetzt durch Tiefseegräben), und einer inneren Zone mit Eruptivgesteinen. Als primärer Vorgang wird nicht die Anhäufung von Sedimenten in Geosynklinalen angesehen, sondern die Bildung einer Bruchzone mit großen Mengen von Eruptivgesteinen, deren Abtragung die Sedimentmassen liefert (Eugeosynklinalen). An der konkaven Seite liegen die sekundären Bögen mit vorwiegend nichtvulkanischen Sedimenten von epikontinentalem Charakter (Miogeosynklinalen). Im Sinne dieser Darstellung bestehen z. B. die Anden im wesentlichen aus der magmatischen Zone des primären Bogens und aus sekundären Elementen. Große Bedeutung hat die Unterscheidung von verschiedenen Zonen eines Orogens in den präkambrischen Schilden. Grenville und Huron verhalten sich wie primäre und sekundäre Elemente [vgl. Svekofenniden und Kareliden als Teile desselben Orogens nach der neuen finnischen Darstellung].

Ein Kapitel über Gebirgsbildungstheorien schließt sich an. Modifizierte Kontraktionsvorstellungen gelten als zur Zeit beste Lösung. Das Schlußkapitel ist Problemen der Glaziologie gewidmet.

,,Physics and Geology" ist ein sehr anregendes Buch. Wir wünschen uns ähnliche Darstellungen — auch für andere Themenkreise — im deutschen Schrifttum.

Erich Schroeder

Pake, A. W., F. I. Wolfson & L. I. Lukin

Strukturuntersuchungen endogener Erzlagerstätten

,,Geologie der Erzlagerstätten", H. 4, 1960, S. 3—38 (russ.)

In dem Artikel wird auf die Wichtigkeit der Untersuchung der Strukturentwicklung endogener Erzlagerstätten für die Klärung der Erzverteilung hingewiesen. Zusammenfassend gelangen die Autoren zu folgenden Schlußfolgerungen:

1. Bei der Untersuchung von Lagerstättenstrukturen ist es unbedingt notwendig, die vor, während und nach der Mineralisation entstandenen Störungen voneinander zu unterscheiden. Die Bildung dieser Erscheinungen spiegelt den Einfluß der physiko-mechanischen Eigenschaften der Gesteine wider.
2. Viele tektonische Störungen, die lange Zeit vor der Vererzung angelegt wurden, stehen sowohl mit der Faltenbildung (Schieferung, Verschiebungen, Brüchen und Klüften) als auch mit dem Erkalten von Intrusiva in Verbindung. Derartige Störungen sind häufig mit magmatischen Gesteinen ausgefüllt. Vor der Vererzung erfolgten auch tektonische Auswalzungen mächtiger plastischer Gesteine.
3. Störungen, die sich während der Vererzung bildeten, folgen häufig den älteren, früher angelegten tektonischen Elementen. Besonders wichtig ist die Untersuchung dazugehöriger disjunktiver Störungen, die während der Mineralisation der Gänge gebildet wurden.
4. Erzkörper endogener Lagerstätten entwickeln sich sowohl durch die Ausfüllung von Hohlräumen als auch durch die Verdrängung von Gesteinen. Im ersten Falle ist es wichtig, die Ursachen für die Bildung der freien Räume zu erkennen, die durch den Mechanismus ihrer Entstehung und die relativen Bewegungen der Erzspalten bestimmt werden. Ziel dieser Untersuchungen muß die Klärung der Erzfüllung und ihrer Lagerung sein.
5. Unter den jüngsten, nach der Vererzung gebildeten Störungen muß man besonders die disjunktiven Störungen, die die Erzkörper zerlegen, näher untersuchen. Das Verhalten der älteren zu den jüngeren, nach der Vererzung gebildeten Störungen wird gelegentlich falsch dargestellt. Deshalb ist die Durchführung sorgsamer Untersuchungen unumgänglich.

H. Schulz

Gruss, H.

Geologie der Eisenerzlagerstätte von Staffhorst—Schwaförden

,,Stahl und Eisen", Jg. 80 (1960), S. 1149—1452

Die 1957 bis 1959 erkundete Eisenerzlagerstätte erstreckt sich von der Ortschaft Schwaförden über Staffhorst etwa 17 km nach Osten und erreicht eine Breite von ca. 4 km. Sie stellt eine marine, also sedimentär gebildete Lagerstätte von Eisenoolithen dar. Ihre Entstehung fällt in den unteren Dogger β. Es handelt sich um ein einziges Flöz, das mit einer Durchschnittsmächtigkeit von 3,3 m über eine Fläche von rd. 70 km² verbreitet ist. Das Erz liegt in Teufen zwischen 700 und 1400 m. Die Lagerstätte enthält rd. 450 Mill. t sichere Vorräte an Eisenerz mit 38% Fe, 5% CaO, 7% SiO_2, 21% Glühverlust (Kohlendioxyd).

E.

Gross, H.

Die Lösung des Problems der Gliederung und Chronologie der Letzten Eiszeit in Mitteleuropa

,,Forschungen und Fortschritte", Jg. 34 (1960), S. 297 bis 301

Die Meinungsverschiedenheiten über das Problem der Gliederung der Würmeiszeit bestehen vor allem hinsichtlich des Übergangsbereichs zwischen dem Ende der Rißeiszeit und dem letzten Hochglazial (W II + III). Von besonderer Bedeutung ist die Zuordnung und Klärung des Charakters einer als Göttweiger Interstadial bezeichneten Klimaschwankung. Unter Verwendung von C^{14}-Meßwerten und Aufschlüssen im mitteleuropäischen Periglazial wird nachgewiesen, daß dieser Zeitabschnitt nicht mit dem R/W-(Eem-) Interglazial identisch ist und auch nicht als ,,letztes Interglazial" bezeichnet werden kann. Er ist vielmehr als W I/II-Interstadial anzusehen. Dieses trägt den Charakter einer längeren kühlen Zeit vor dem letzten Hochglazial. Durch einen oder mehrere Kälterückschläge (Vorstoßschotter im Bereich des Inngletschers bei Hörmating/Bayern) ist es in mehrere Unterabschnitte zu gliedern. Die Gesamtdauer dieses ,,Göttweiger Interstadialkomplexes" beträgt ca. 18000 Jahre. Über die zeitliche Gliederung der Würmeiszeit lassen sich der Arbeit folgende Daten entnehmen:

W III W II/III W II	letztes Hochglazial, ca. 30000—10000 vor heute mit Paudorfer Interstadial bei ca. 28000 (?) v. h.
W I/II	Göttweiger Interstadialkomplex ca. 47000 oder 48000—30000 v. h.
W I	
R/W-(Eem-)Interglazial, bis ca. 72000 v. h.	

Die drei Glaziale W I—III dürfen nicht mit den drei letzten Kältezacken der Strahlungskurve von Milankovitch konnektiert werden. Sie sind vielmehr mit den Jüngeren Lößen I—III im südöstlichen Mitteleuropa zu parallelisieren.

E. Schlegel

Autorenkollektiv

Erdöl- und Erdgasführung in Tafelgebieten mit kompliziert aufgebautem Fundament

,,Nowosti Neftjanoj Techniki", Ser. Geol., H. 8, 1960, S. 22

Unter dieser Überschrift werden zwei Beiträge über die Erdölverteilung im Gebiet zwischen Wolga und Ural sowie — zum Vergleich — in den Hauptgebieten der Erdöl- und Erdgasführung am Golf von Mexiko veröffentlicht. In der Einführung der Redaktion wird darauf hingewiesen, daß alle genannten Erdölanhäufungszonen in besonders tief versunkenen Teilen uralter Tafelgebiete vorkommen, die sich dadurch auszeichnen, daß ihr Fundament zum Teil aus kristallinem Gestein, zum Teil aus gefalteten Sedimenten besteht. Die Konsolidierung erfolgte während des Paläozoikums.

Erdölführend sind in diesen Tafelgebieten paläozoische und mesozoische Ablagerungen. Oft ist die Erdöl- und Erdgasführung dieser Zonen an Salztektonik geknüpft.

Die von der Redaktion aufgestellte These wird durch einen Beitrag über ,,Die Verbreitung der Erdöl- und Erdgasanhäufung im Wolga—Ural-Gebiet und im nördlichen Küstengebiet des Kaspisees" bestätigt. Die Verf. I. O. Brod, M. F. Mirtschink, A. N. Mustafinow & R. B. Sejful-Muljukow betrachten dieses ausgedehnte Senkungsgebiet der Erdkruste, das verschiedene Wissenschaftler für ein einheitliches nordkaspisches artesisches Becken halten, als ein hydrodynamisches System. Dieses Becken kann man sich als großes erdölführendes Gebiet vorstellen, da viele der wasserführenden Komplexe regionale erdöl- und erdgasführende Abfolgen darstellen. Von diesen Überlegungen ausgehend, werden in dem Artikel einzelne Erdöllager und ihre geologische Entwicklung besprochen, wobei die neusten geologischen Erkundungsergebnisse verwertet werden. Eine Karte des beschriebenen Gebietes ergänzt die Ausführungen.

Thomas Münz

Zimeljson, I. O.

Die Anwendung der Gravimetrie beim direkten Aufsuchen von Erdöl und Gas

,,Geologija Nefti i Gasa", H. 12, 1959, S. 41—46

Über öl- und gasführenden Antiklinalen werden des öfteren lokale gravimetrische Minima beobachtet, über die bereits in der Literatur berichtet wurde. Zimeljson untersucht nun die Verwendbarkeit detaillierter Gravimetermessungen für das direkte Aufsuchen von Erdöl- und Erdgaslagerstätten.

In der östlichen Antiklinalzone des südlichen Dagestan (Aserbaidshan) liegt die Gaslagerstätte Choschmensil auf einer breiten flachen Antiklinale. Unter tertiären Schichten (Tschokrak- und Majkop-Stufe) folgt in 376 m Teufe Oberkreide (Maastricht).

1931 wurden im Gebiet von Choschmensil Drehwaagemessungen durchgeführt, die eine recht widerspruchsvolle Gradientenkarte ergaben. Das Ergebnis der 1948 erfolgten detaillierten Gravimeteraufnahme mit einem mittleren Fehler von 0,08 m Gal war die Feststellung einer sehr schwachen positiven Anomalie. Als Ursache dafür nahm man an, daß die dichteren Kreideschichten an der Aufwölbung nicht beteiligt sind. Östlich von Choschmensil ergab sich eine weitere schwache positive Anomalie. Man schloß daraus, daß hier eine weitere Aufwölbung vorliegt, die der von Choschmensil analog ist. Seismische Messungen in den Jahren 1950—1951 zeigten jedoch, daß nur eine flachgewölbte Antiklinale vorliegt und daß auch die Kreideschichten von der Aufwölbung betroffen wurden. Bohrergebnisse bestätigten das seismische Resultat.

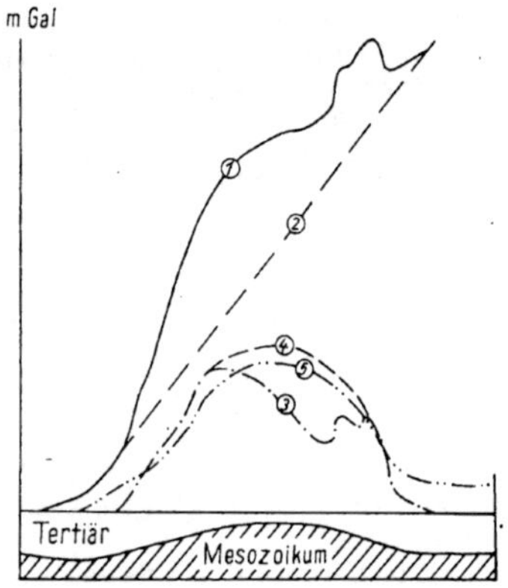

Das gravimetrische Profil

1 — beobachtete Schwereanomalie, 2 — Regionalfeld, 3 — lokale Anomalie, 4 — geglättete Kurve der Lokalanomalie, 5 — theoretische Kurve

Die Gravimetermessungen von 1948 mußten also neu interpretiert werden. Die zunächst durchgeführte Ermittlung der Restanomalie nach SACHS & NYGARD (s. Residual Anomalies and Depth Estimation. — Geophysics, Nr. 4, 1953)

$$R(g) = - \frac{\overline{g}(r_1) - \overline{g}(r_2)}{r_1 - r_2}$$

mit $r_1 = 2500$ m und $r_2 = 500$ m ergab wiederum zwei lokale Maxima, die durch ein lokales Minimum getrennt werden. Die Ermittlung der Restanomalie auf graphischem Wege (s. Abb.) ließ jedoch unschwer erkennen, daß tatsächlich nur ein Maximum (Größenordnung 6 m Gal) vorhanden ist, das durch ein kleines lokales Minimum kompliziert wird. Die durch Abzug des Regionalfeldes erhaltene Kurve der Restanomalie (Kurve 3) wurde deshalb nochmals geglättet (Kurve 4). Aus Dichtemessungen erhielt man für die Tertiärschichten 2,28 . . . 2,34 g/cm³ und für die Kreideschichten 2,40 . . . 2,49 g/cm³. Eine mit einem Dichteunterschied von 0,15 g/cm³ berechnete theoretische Kurve (5) stimmt recht gut mit der Kurve 4 überein. Das lokale Minimum mit einer Intensität von 2 m Gal wird mit einer Dichteverminderung der Gesteine in der Scheitelregion der Antiklinale infolge Klüftigkeit der karbonatischen Gesteinspakete der Kreide erklärt.

Auf Grund einer Analyse der bei der Gravimeteraufnahme der Choschmensilsker Antiklinale gewonnenen Ergebnisse wurde festgestellt, daß die detaillierte Gravimeteraufnahme für das direkte Aufsuchen von Erdöl- und Erdgaslagerstätten in Aufwölbungsgebieten anwendbar ist. Es ist aber eine sehr detaillierte und engmaschige Aufnahme erforderlich. Schwierigkeiten sind jedoch zu erwarten, wenn den Aufwölbungen nicht Schweremaxima, sondern Schwereminima entsprechen (z. B. Salztektonik), da dann die durch die Porosität oder Klüftigkeit bzw. Öl- oder Gasfüllung des Porenvolumens hervorgerufenen lokalen Minima kaum hervortreten.

ZEUCH

STROUD, S. G. & H. SCHALLER

A New Nuclear Log for the Determination of Reservoir Salinity

„J. of Petrol. Technology", Vol. XII (1960), H. 2, S. 37 bis 41

Bei der Bestimmung des Wassergehalts der Schichten kann der NaCl-Gehalt als Indikator verwendet werden, da ölführende Schichten kaum NaCl enthalten. In der Sowjetunion ging man diesen Weg, indem man das Na mittels der Aktivierungsanalyse bestimmte. Die hier beschriebene Methode verwendet den Cl-Gehalt. Zunächst nimmt man mit dem Neutronen-Neutronen-Verfahren die Wasserstoffkurve auf, die bekanntlich die Porosität des Speichers widerspiegelt. Als nächstes folgt die Cl-Kurve. Sie beruht darauf, daß für Cl eine ziemlich hohe Wahrscheinlichkeit für das Einfangen thermischer Neutronen besteht. Wenn der Cl-Kern langsam Neutronen aufnimmt, entsteht eine sehr energiereiche sekundäre Gammastrahlung, die spektrometrisch von der natürlichen und der sekundären Gammastrahlung des H unterschieden werden kann. Die Vergleichszahlen sind:

Thermische Absorption für Neutronen (Querschnitt in Barn):

H—0,33, C—0,0032, N—1,88, O—0,0002, Na—0,505, Al—0,230, Si—0,13, Ca—0,43, Cl—31,6.

Zahl der Zusammenstöße, die nötig sind, um die Energie von 2 MeV auf 0,025 eV herabzusetzen: H—18, C—114, O—150, Cl—329.

Methodisch geht man so vor, daß man in einer dichten Partie des Bohrlochs (etwa einem Kalkstein) beide Kurven aufnimmt und auf gleiches Niveau bringt. Diese Position entspricht einem Minimum an Salinität. In Schichten mit Salzwassergehalt bekommt man dann eine Separation der beiden Kurven, aus der sich auch quantitative Beziehungen ableiten lassen. Die Cl-Kurve wird von der Porosität, der Salzkonzentration und der Wassersättigung beeinflußt. Kennt man die Porosität aus der H-Kurve (Neutronen-Neutronen-Kurve) und die Salzkonzentration aus einem Test, so lassen sich Diagramme für die Wassersättigung entwickeln.

MEINHOLD

BESPJATOW, B. I. & A. I. CHRAMOI

Erfahrungen bei der Anwendung einer seismischen Magnetbandapparatur

„Geologija Nefti i Gasa", Nr. 3, 1960

Die hier aufgeführten Arbeiten wurden mit einer 27-kanaligen Magnetbandapparatur, Baujahr 1957, durchgeführt. Beim Abspielen des Magnetbandes konnten Verstärkung, Filtration und Mischung geändert werden. Auf Grund der gemachten Erfahrungen war mit dieser Apparatur die Lösung folgender Aufgaben möglich: Studium des Wellenbildes, Festlegung der günstigsten Gruppierungen und Bündelungen, polyfrequente Profilierungen.

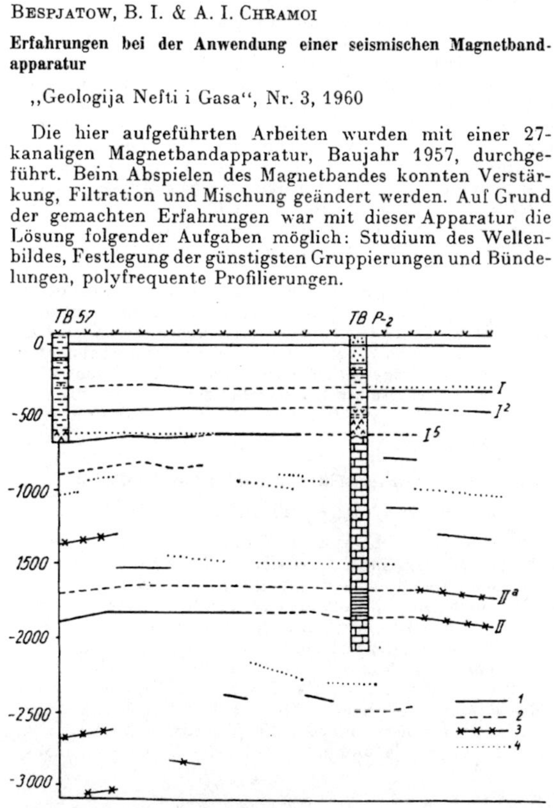

Seismisches Profil durch die Struktur Jushno-Stepnowskoje

Reflexionsseismische Horizonte, erhalten bei: 1 — Filterstellung 70—110 Hz; 2 — Filterstellung 40—65 Hz; 3 — Filterstellung 50—90 Hz; 4 — mit der gewöhnlichen Standardapparatur 1955

Horizont I — Oberkante Paläozoikum, Horizont I² — Oberkante eines hydrochemischen Paketes, Horizont I⁵ — Oberkante einer sulfat-karbonatischen Schichtfolge, Horizont IIᵃ — Oberkante der Wereja-Schichten, Horizont II — Oberkante der unterbaschkirischen Schichten

Besonders bei dem Studium des Wellenbildes ist die Magnetbandapparatur von besonderem Wert, da hier die Front der Störwellen bei minimaler Zahl von Schüssen eingehend untersucht werden kann. Bei diesen Arbeiten wurde in der Filiale der WNII Geophysika für das untere Wolgagebiet festgestellt, daß man für die Unterdrückung der Störwellen nicht nur ihre kinematische Charakteristik (scheinbare Geschwindigkeiten) wissen muß, sondern man muß auch ihre dynamischen Eigenschaften (relative Intensität, vorherrschende Frequenz und Dauer des Impulses bei optimaler Filterung) berücksichtigen. Auf Grund theoretischer und experimenteller Untersuchungen gelang die Ausarbeitung eines Arbeitsschemas, wobei die minimale Anzahl der Seismographen (Schußbohrungen) in der Gruppe nach dem Verhältnis Störwellen — Nutzwellen und die Abstände zwischen den Seismographen (Schußbohrungen) nach den scheinbaren Geschwindigkeiten und Perioden bestimmt wurden.

Einen weiteren Nutzen bringt die Magnetbandapparatur durch die Möglichkeit der Anwendung einer polyfrequenten Profilierung. Hierbei werden die Tonbänder der Apparatur bei verschiedenen Filterstellungen abgespielt und alle Seismogramme gemeinsam ausgewertet. Drei Beispiele geben Auskunft über die Erfolge des Einsatzes der Tonbandapparatur. So wurde es z. B. auf der Struktur Jushno-Stepnowskoje durch das Abspielen des Tonbandes mit den Filterstellungen 40—65, 50—90 und 70—110 Hz möglich, neben den bei der Durchführung der Arbeiten mit einer Standardapparatur 1955 erhaltenen Horizonten noch zahlreiche andere Horizonte nachzuweisen (s. Abb.). Eine Filterstellung allein gab niemals die Möglichkeit, alle Horizonte zu verfolgen. F. Wegert

Chramoi, A. I.

Seismogeologische Rayonierung

„Geologija Nefti i Gasa", Nr. 4, 1960

Innerhalb der für die Zeit des Siebenjahrplans in der Sowjetunion geplanten seismischen Erkundungen werden nicht nur detaillierte Untersuchungen in seismisch schon erfaßten Gebieten durchgeführt, sondern in weitem Maße Arbeiten in Gebieten mit noch unbekannten seismogeologischen Bedingungen begonnen. Wenn bisher für die Auswahl der seismischen Erkundungsrichtung irgendwelche Vorstellungen über die Perspektivität eines Gebietes ausschlaggebend waren, so muß jetzt die Effektivität der seismischen Erkundung durch einen optimalen Einsatz erhöht werden, d. h., sie ist dort einzusetzen, wo das rationellste Verhältnis zwischen technischen Möglichkeiten der Methode und den von der Praxis gestellten geologischen Aufgaben zu erreichen ist. Die bisher sehr langsame Weiterentwicklung der Reflexionsseismik hat bei einigen Geologen und Geophysikern zu der Vorstellung geführt, daß die Grenzen ihrer Anwendungsmöglichkeiten erreicht sind. So sollte das Aufsuchen lokaler Strukturen vom Tafeltyp nur noch durch die KMgW durchgeführt werden. Dabei verfügt jetzt die Reflexionsseismik vor allem in zwei Richtungen über neue Möglichkeiten: 1. Ausarbeitung einer neuen Theorie der Bündelung und Gruppierung, die den Impulscharakter und die Dynamik der seismischen Schwingungen berücksichtigt; 2. weitgehendes Studium des Wellenbildes (Störwellen) durch Einsatz der Magnetbandapparatur. Die verschiedenartigen Bedingungen schließen jedoch die Anwendung einer Standardmethodik aus.

Das alles erfordert vor Beginn der Routinemessungen eine seismogeologische Rayonierung durch methodische Versuchstrupps. Hierbei werden zweckmäßigerweise Tonbandapparaturen eingesetzt.

Die im Saratow—Stalingrader Wolgagebiet durchgeführten Arbeiten umfassen drei Etappen. Zunächst wird auf Grund der bisher bekannten seismogeologischen Bedingungen eine vorläufige Rayonierung vorgenommen, die sich auf fünf Faktoren stützt: Tektonik, Teufe und Strukturformen der Oberkante des Paläozoikums, Bau und Mächtigkeit der Langsamschicht, Aufbau des Profils und Vorhandensein von multiplen Reflexionen. In der wichtigsten zweiten Etappe werden Beobachtungen an Basispunkten durchgeführt, um die Störwellen festzustellen und ein optimales Bündelungs- und Gruppierungssystem auszuwählen. In der dritten Etappe erfolgt dann die Ausarbeitung von Karten der seismogeologischen Rayonierung, aus denen für jede ausgeschiedene Zone die rationellste Methodik der Feldarbeiten ersichtlich wird. F. Wegert

Nagler, K. B.

Transport und Lagerung gasförmiger Brennstoffe

„Erdöl und Kohle, Erdgas, Petrochemie", 1960, S. 888 bis 889

Der Anteil des Erdgases am Gesamtenergieverbrauch in den USA, der bei etwa 37,8% liegt, nimmt ständig zu, zum großen Teil infolge seiner Verwendung zur Haushaltheizung. Die saisonbedingten Schwankungen im Verbrauch von Haushaltheizgas sucht man durch Verwendung von Gas für Klimaanlagen oder stärkere Belieferung der Industrie in den wärmeren Monaten sowie durch zusätzliche Bereitstellung von Flüssiggas im Winter auszugleichen. 1958 waren in den USA 250 Untergrundspeicher mit einer Aufnahmekapazität für 75 Mrd. m³ und einer tatsächlichen Belastung von 42 Mrd. m³ Methangas vorhanden. Methanspeicher werden vorwiegend in erschöpften Gaslagerstätten, Flüssiggasspeicher in Kavernen von Salzstöcken angelegt. E.

Pilger, A.

Über die Soleführung in den Störungen des Ruhrkarbons an einem Beispiel auf der Zeche Auguste Victoria

„Bergfreiheit", Jg. 25 (1960), S. 288—293

Auf der durch ihren Blei/Zinkerzbergbau bekannten Ruhrzeche Auguste Victoria treten am Blumenthaler Sprung Solen mit Temperaturen bis zu 54°C auf. Bisher wurden im Verlauf der Entwässerungsarbeiten etwa 1 Mill. t Sole gefördert. Im Norden und Süden der Störung weisen die Wässer verschiedene Konzentrationen, chemische Zusammensetzung und Temperaturen auf. In Tabellen sind die Resultate zahlreicher chemischer Analysen zusammengefaßt. Die Sole wird lediglich beim Anfahren von Störungen gelöst, in denen sie zirkuliert. Es liegen auf der Zeche bevorzugte Aufstiegszentren der Solen vor, die u. a. an Kreuzungspunkte von Störzonen gebunden sind. Auf Zusammenhänge zwischen Sole und Vererzung ist der Autor nicht näher eingegangen. E.

Hartland, K.

Rotary Drilling in Low Pressure Loss Formations

„Petroleum", Vol. XXIII (1960), No. 8, 9, 10, S. 291 bis 294, 333—337, 424—428

Das Abteufen von Bohrlöchern in Spülungsverlustzonen ist eines der Grundprobleme der Erdölgewinnung. Der Verfasser schildert die Gründe, weshalb Spülungsverluste auftreten können und geht auf die Typen der permeablen Formationen ein. Es werden unterschieden:

a) kavernöse, drusige Gesteine;

b) nicht verfestigte Gesteine mit hoher Durchlässigkeit;

c) klüftige, mit Spalten durchsetzte Gesteine.

Es wird darauf hingewiesen, daß Haarrisse und Klüfte nicht nur tektonisch oder petrographisch bedingt sind, sondern auch durch den Bohrprozeß selbst, also z. B. durch zu hohen Pumpendruck entstehen können. Der Einfluß des Bohrregimes, des Pumpendruckes wird an Hand von verschiedenen Beispielen erläutert. Anschließend wird auf die Anwendung von verschiedenen Spülungsverlust-Bekämpfungsmaterialien eingegangen.

Zum Abdichten von geringen durchlässigen Schichten und von kleineren Klüften dient im allgemeinen

a) faseriges Material, wie synthetische Fasern; Heu, Baumwolle, Hanf, Glimmer usw.;

b) körniges Material, wie zerkleinerte Walnußschalen, Sand, Perlit, Koks usw.

In bestimmten Fällen findet auch geschmolzener Asphalt Verwendung.

Zement ist eines der ältesten Mittel, um Spülungsverluste zu verhindern, aber durch das relativ hohe spezifische Gewicht der Zementmilch ist die Zementation mit beachtlichen Nachteilen verbunden. Besser ist die Anwendung von Gel- oder Gipszementen.

Gute Ergebnisse wurden auch mit Dieselölzementen und Bentonit-Ölmischungen erreicht. In der Artikelserie werden noch weitere Hinweise über Abdichtungsmaterialien von Schichtserien gegeben.

Die Wahl eines genauen Bohrregimes wird hinsichtlich des Druckanschwellens diskutiert. Abschließend wird auf einige spezielle Methoden, wie das Bohren ohne geologische Vorarbeiten und die Verhinderung von Spülungsverlusten, eingegangen. E. P. Müller

Hydrogeologische Übersichtskarte Blatt Görlitz

Die Hydrogeologische Übersichtskarte Blatt Görlitz 052—1—3 im Maßstab 1:200000 liegt gedruckt vor und kann beim Vertrieb des Zentralen Geologischen Instituts für dienstliche Zwecke käuflich erworben werden. Auf diesem Blatt, das als Elffarbendruck in einer Größe von ca. 55×65 cm vorliegt, werden neue Darstellungsmethoden gezeigt, die in den Jahren 1958—1959 entwickelt worden sind. Der Karte ist ein Erläuterungsheft vom Format DIN A 4 mit einem Umfang von 42 Seiten einschließlich sieben ganzseitigen einfarbigen Karten im Maßstab 1:500000 und sechs Profilen im Längenmaßstab 1:100000 beigegeben.

Einen ersten Einblick in die Art der Darstellung vermittelte Verf. bereits am 6. April 1960 bei der Arbeitstagung „Grundwasser" der Kammer der Technik in Berlin in seinem Vortrag „Die Hydrogeologische Übersichtskartierung im quartären Lockergesteinsbereich". (Die auf dieser Arbeitstagung gehaltenen Vorträge sollen im Augustheft 1961 der Zeitschrift „Wasserwirtschaft — Wassertechnik" veröffentlicht werden.)

Bei der planmäßigen Fortführung der hydrogeologischen Übersichtskartierung der DDR wird sich noch eine weitere Verfeinerung der Darstellungsmethoden ergeben. Die auf dem bereits in Arbeit befindlichen mitteldeutschen Blatt Dresden N 52—1—3 beabsichtigten Änderungen beeinflussen jedoch keineswegs die Grundzüge der Darstellungsmethodik. J. Zieschang

Autorenkollektiv

Die Verfahren der Bodenverfestigung

Schriftenreihe der Arbeitsgruppe „Unterbau", H. 1, Kirschbaum-Verlag, Bad Godesberg 1960. — 202 S.

Die Forschungsgesellschaft bringt in der neuen Schriftenreihe neben Veröffentlichungen aus dem Gebiet der Bodenverfestigung Berichte und Referate von Fachsitzungen und Fachtagungen auf dem Gebiet des Straßenbaus sowie Erfahrungen aus dem Ausland.

Im ersten Heft sind die Beiträge in drei Gruppen unterteilt. In der ersten werden allgemeine Fragen behandelt, in der zweiten die verschiedenen Verfahren: Mechanische Bodenverfestigung (Scheiblauer), Bodenverfestigung mit Bindemitteln auf Bitumenbasis (Pätzhold, Fuhrmann, Letters), Bodenstabilisierung mit Kalk (Brand), Bodenstabilisierung mit Zement (Springschmid) und Bodenverfestigung unter Verwendung von Chemikalien (Henke). Der dritte Teil ist der Bodenverfestigung im Ausland vorbehalten: Niederlande (Fliert), Schweiz (Kuonen), Österreich (Aichhorn) und Belgien (Reichert).

Die einzelnen Arbeiten behandeln die Möglichkeiten einer Bodenstabilisierung für die verschiedenartig örtlich anstehenden Böden. Die Art des Bodens wird durch die entsprechenden Bodenkennwerte (Kornaufbau, Plastizität, Proctortest usw.) charakterisiert, die Versuchserfahrungen werden an Hand verschiedener Mischungen wechselnder Mengen von Wasser und Bindern (Kalk, Zement, Chemikalien) sowie der praktischen Erfolge im Gelände erörtert. Zum Schutz einer bodenstabilisierten Straße ist eine 5—10 cm mächtige Verschleißschicht oder ggf. auch eine geeignete Bitumen- oder Öltränkung notwendig. Neben der mechanischen Bodenverfestigung sind von besonderer Bedeutung die Kalkstabilisierung (Zugabe von Branntkalk oder Kalkhydrat), die Zementstabilisierung und auch zuweilen eine zusätzliche Beimischung bestimmter Chemikalien (z. B. Natronlauge, Soda, Calciumchlorid, Magnesiumchlorid, Natriumpyrophosphat usw.).

Durch die Bodenverfestigung (mechanisch, mit Kalk bzw. Zement oder mit Bitumenbeigaben) ist heute die Möglichkeit gegeben, unkompliziert, schnell und billig befahrbare Wege in bisher vom allgemeinen Straßenbau wenig geförderten Gebieten herzustellen.

Da die Bodenverfestigung anstehender Erdstoffe in der jüngsten Zeit große Bedeutung erlangt hat, ist es auch zu begrüßen, daß durch die neue Schriftenreihe der Arbeitsgruppe „Unterbau" die Methoden und Erfahrungen auf dem gesamten Gebiet der Bodenverfestigung gesammelt und veröffentlicht werden. R. Köhler

Jacob, H.

Betrachtungen zur Genesis von Salzkohlen

„Braunkohle, Wärme und Energie", Jg. 12 (1960), H. 7, S. 355—361

Nach Klärung des Begriffes Salzkohle behandelt Verf. die bisherigen Anschauungen über ihre Entstehung und gibt regionale Hinweise dafür. Ausführlich beschäftigt er sich mit der Zusammensetzung der Kohlenaschen von Weichbraunkohlen und zieht aus den Analysen Schlußfolgerungen über die petrographischen Verhältnisse des Flözbildungsraums. Dabei zeigt sich, daß die Zusammensetzung der Aschen regionale Abhängigkeit besitzt. Weiter vergleicht Verf. Aschenanalysen verschiedener Lagerstätten der Deutschen Demokratischen Republik und berichtet über ein Flözprofil. Jacob beschreibt die für syngenetische Salzkohlenbildung je nach den regionalen Verhältnissen bestehenden Möglichkeiten: paralische Bildungsräume mit mariner Beeinflussung, Flözbildung in semiariden Gebieten, Flözbildung im Bereiche salzhaltiger Sedimente sowie Flözbildung in Gebieten mit alkalireichen magmatischen Gesteinen und veröffentlicht über die Alkali- und Erdalkaligehalte von magmatischen Gesteinen und Sedimenten eine Zahlentafel. D.

Neuerscheinungen und Literaturhinweise

Brod, I. O. & A. A. Geodekjan,

Geologischer Bau sowie Erdöl- und Gasführung in der Schwellenzone des Balchangebiets

Isd. AN SSSR, 1961. — 128 S.

Gerassimow, I. P.

Die Böden Mitteleuropas und die damit im Zusammenhang stehenden Fragen der physikalischen Geographie

Isd. AN SSSR 1960. — 128 S.

Autorenkollektiv

Fragen der Mineralogie, Geochemie und Genese der Lagerstätten mit seltenen Elementen (Arbeiten des Instituts für Mineralogie, Geochemie und Kristallochemie der seltenen Elemente. 4. Folge)

Isd. AN SSSR, 1961. — 352 S.

Gewinnung von Bodenschätzen im Tagebauverfahren

(Wissenschaftliche Notizen des Staatl. Wiss. Forschungs- und Projekt-Instituts der Kohlen-, Erz-, Erdöl- und Erdgas-Industrie Ukrniiprojekt, 2. Folge)

Isd. Ukrniiprojekta, 1960. — 256 S.

Vanaček, M.

Die Höhe der Kosten pro Einheit nachgewiesener Vorräte

Geologicky pruzkum, 1959, H. 9.

Jepinatjewa, A. M.

Studium der seismischen Längswellen, die sich in realen geschichteten Medien ausbreiten

Isd. AN SSSR, 1960 — 256 S.

Mejer, W. A.

Die Bohrlochkarottage bei der Erkundung polymetallischer Lagerstätten

Isd. Leningradskowo Univ., 1960. — 207 S.

Mechanische Gesteinszerstörung

(Wissenschaftliche Notizen des Staatl. Wiss. Forschungs- und Projekt-Instituts der Kohlen-, Erz-, Erdöl- und Erdgas-Industrie Ukrniiprojekt, 3. Folge)

Isd. Ukrniiprojekta, 1960. — 160 S.

Ossipow, K. G.

Turbogetriebe für Bohranlagen

Gostoptechisdat, Moskau 1960. — 192 S.

Storodinow, M. I.

Der Einfluß des Schneidenverschleißes auf den Andruck beim Schneiden von Gestein

Schacht. Stroi., 1959, H. 11, S. 12—15

Bayer, F. & G. Wagner

Gasanalyse (Methoden der Arbeitspraxis)

Bd. 39 des Sammelwerkes „Die chemische Analyse", Hrg. H. Jander; 3. Aufl., Verlag Ferdinand Enke, Stuttgart 1960. — 288 S., 116 Abb., 16 Tab.; 60,— DM

Nachrichten und Informationen

Magnifizenz Prof. Dr.-Ing. habil. O. OELSNER – 40 Jahre Bergmann

Im April blickte Magnifizenz Prof. OELSNER auf eine 40jährige, eng mit dem Bergbau verbundene Tätigkeit zurück. Er verfuhr damals im Jahre 1921 seine erste Schicht im sächsischen Steinkohlenbergbau in Oelsnitz und nahm damit seine praktische Ausbildung als Bergbaubeflissener auf. Nach einjähriger Tätigkeit begann er im Herbst 1922 das Studium an der Bergakademie Freiberg. Seine Neigung zum Bergbau und dessen verwandten Wissenschaften war bereits in der Gymnasialzeit geweckt worden. Während seines Studiums war er noch mehrfach praktisch im Bergbau tätig und legte u. a. im Siegerländer Bergbau die Hauerprüfung ab. Im Jahre 1927 schloß er das Bergbaustudium als Dipl.-Ing. ab und verblieb zunächst als Assistent bei Prof. SCHUMACHER, unter dessen Anleitung er seine lagerstättenkundlichen Kenntnisse wesentlich vertiefen konnte. Eine damals begonnene umfangreiche Arbeit „Beiträge zur Kenntnis der kiesigen Bleierzformation Freibergs" legte er im Jahre 1929 als Dissertation vor. Nahezu zehn Jahre war dann Dr. OELSNER als Montangeologe im türkischen Mangan- und Chromiterzbergbau tätig.

Kurz vor Ausbruch des 2. Weltkrieges kehrte er nach Deutschland zurück und fand einen Wirkungskreis bei der Lagerstättenforschungsstelle in Freiberg, der späteren Bergwirtschaftsstelle des Oberbergamtes. Hier widmete er sich vorwiegend genetischen Untersuchungen, der Prospektion und dem Aufschluß von erzgebirgischen Blei-Zink-, Zinn-Wolfram- und Wismut-Kobalt-Nickel-Lagerstätten.

Nach dem Kriegsende stellte Dr. OELSNER seine ganze Kraft dem Wiederaufbau zur Verfügung. Unter schwierigen Bedingungen hatte er wesentlichen Anteil an der Wiederaufnahme der Produktion des Spatbergbaues im westlichen Erzgebirge und beim Aufschluß westsächsischer Braunkohlenkleinstvorkommen. Darüber hinaus schrieb er in dieser Zeit ein viel beachtetes Buch über die Probenahme und Bemusterung von Erzlagerstätten, das damals als erstes Werk in deutscher Sprache große Anerkennung fand. Große Verdienste erwarb er sich in diesen Jahren auch beim Unterricht am Bergbautechnikum der SDAG Wismut in Freiberg.

Seine langjährige Tätigkeit und seine umfangreichen lagerstättenkundlichen Kenntnisse waren 1950 Anlaß, ihm einen Lehrauftrag über Spezielle Lagerstättenkunde an der Bergakademie zu erteilen. Er habilitierte sich damals mit einer Arbeit über „Die pegmatitisch-pneumatolytischen Lagerstätten des Erzgebirges mit Ausnahme der kontaktpneumatolytischen Lagerstätten", wurde 1952 als Professor mit Lehrauftrag für das Fachgebiet Lagerstättenkunde an die Bergakademie berufen und 1954 zum Professor mit vollem Lehrauftrag ernannt.

Nach Gründung des Lehrstuhls für Lagerstättenkunde am Mineralogischen Institut folgte am 1. April 1956 die Berufung als Professor mit Lehrstuhl, am 1. April 1959 zum Direktor des Institutes.

Diese bisher über zehnjährige Hochschultätigkeit war außerordentlich erfolgreich. Prof. OELSNER war maßgebend an der Neuformung des Freiberger Mineralogentyps beteiligt, dessen Hauptmerkmale die Betonung der geochemisch-genetischen Betrachtungsweise von Lagerstätte und Gestein sind. Die aus dieser Schule hervorgegangenen zahlreichen Diplom-Mineralogen sind heute in der bergbaulichen Praxis, der Forschung und Lehre sowie in der staatlichen Verwaltung z. T. in leitenden Stellen tätig. Neben der erfolgreichen Lehrtätigkeit, die auch in der Herausgabe zahlreicher Lehrbriefe für das Fernstudium zum Ausdruck kommt, legte Prof. OELSNER die in dieser Zeit erzielten Forschungsergebnisse auf mineralogisch-lagerstättenkundlichem Gebiet in etwa 30 Veröffentlichungen nieder bzw. trug sie auf zahlreichen nationalen und internationalen Tagungen vor. Der Schwerpunkt seiner Studien sind die während der Geosynklinalzeiten der Erde gebildeten Lagerstätten, deren Bedeutung und Besonderheiten heute immer mehr erkannt werden. Seit 1959 leitet Herr Prof. OELSNER auch noch als Rektor die Geschicke der Bergakademie.

Trotz dieser seiner vielfältigen Verpflichtungen fand Prof. OELSNER immer Gelegenheit, der Praxis als Berater in vielen entscheidenden Fragen zur Verfügung zu stehen. Er ist im gesamten Bergbau unserer Republik eine bekannte Persönlichkeit, deren Rat geschätzt wird. Das drückt sich besonders deutlich in seiner Wahl zu vielen Fachgremien aus. Unter anderem ist Prof. OELSNER Mitglied des Wissenschaftlichen Rates der Staatlichen Geologischen Kommission. Hier hat er durch seine aktive Mitarbeit bei der Überprüfung von Projekten und Ergebnisberichten wesentlichen Anteil am Gelingen der von der Staatlichen Geologischen Kommission durchgeführten Kartierungs- und Erkundungsarbeiten.

Die hervorragende Arbeit, die er in vielen Fällen für die Praxis geleistet hat, fand im Jahre 1957 Anerkennung durch die Verleihung des Ehrentitels „Verdienter Bergmann der Deutschen Demokratischen Republik".

Wir gratulieren Sr. Magnifizenz herzlich und wünschen ihm weitere Erfolge bei seiner wissenschaftlichen Arbeit und Tätigkeit als Hochschullehrer.

H. J. RÖSLER H. SCHUBERT

Erdöl/Erdgas

Sowjetisches Erdöl auf kapitalistischen Märkten

Ende Oktober 1960 wandte sich E. P. GUROW im Namen des „Sojusneftexport" in Beirut auf dem 2. Arabischen Erdölkongreß energisch gegen Behauptungen von angeblichen Preisunterbietungen durch die Sowjetunion. Nach ihm importierten 1925–1935 die westlichen Länder 14,3% ihres Ölbedarfs aus der Sowjetunion, 1958–1959 aber nur 4,4%. Dagegen beherrschen den kapitalistischen Weltmarkt die acht anglo-amerikanischen Erdölkonzerne, die außerhalb der USA und der sozialistischen Länder 88% des Rohöls gewinnen und 84% raffinieren. Hieran verdienten sie 1958 etwa 1,5 Mrd. $. Die außerhalb der Konzerne stehenden Erdölproduzenten, unter denen die Sowjetunion einer der bedeutendsten sei, haben erkannt, daß es zur Erhöhung des Wohlstandes der arabischen Völker beitragen würde, wenn statt der bestehenden 50/50-Beteiligung von den arabischen Regierungen eine gerechtere Gewinnbeteiligung erreicht werden könnte. Wie der Redner betonte, beweisen die von den Italienern und Japanern abgeschlossenen Verträge, daß die Kapitalisten auch bei einer Erhöhung der Gewinnquote der arabischen Seite mit durchaus genügend hohen Profiten arbeiten könnten. E.

Erdgas bei Groningen

Im Herbst 1960 wurde vor dem Europa-Parlament in Straßburg bekanntgegeben, daß bei Groningen in Nordholland seit Anfang des Jahres ein Erdgasvorkommen mit vermutlich 300 Mrd. m³ Inhalt erkundet wurde. Von seiten der Nederlandse Aardolie Mij. wurde betont, daß die Höhe der Vorräte noch nicht ersichtlich sei, es wurden jedoch sicher gewinnbare Rohgasvorräte von 60 Mrd. Nm³ genannt. Außer in der Bohrung Delfzijl 1 ist man auf einer gesonderten Struktur zwischen Groningen und der Emsmündung bei Slochteren in zwei Erkundungsbohrungen in einem ausgezeichneten Speichergestein gut fündig geworden. Es handelt sich offenbar um Schichten des Rotliegenden oder des Karbons. Bereits 1956 war nordöstlich von Groningen bei Ten Boer ein allerdings wenig ergiebiges Gasvorkommen erkundet worden. Die neuen Funde beweisen, daß sich im Norden Hollands ein sehr ergiebiges Erdgasgebiet befindet, das sich voraussichtlich östlich der Ems bis auf westdeutsches Gebiet erstreckt.

Weitere Erkundungsbohrungen werden westlich von Groningen bei Grootegast und in der Provinz Drenthe bei Diever niedergebracht. Im Küstengebiet finden seit Monaten seismische Voruntersuchungen statt. Mit der Bohrtätigkeit zwischen Noordwijk und Kijkduin (bei Den Haag) ist begonnen worden.

Als Folge der Größe der Gasvorräte rechnet man mit einer Revision der westeuropäischen Energieprogramme. E.

Westdeutsche Rohölpreise

Den „Merkblättern für den Außenhandel der Dresdner Bank A.-G.", Düsseldorf, Nr. 34 vom 14. 9. 1960, ist zu entnehmen:

Für die Bundesrepublik hat sich infolge der Rabatte und Preissenkungen das importierte Rohöl seit 1957 erheblich verbilligt: Der Durchschnittspreis (cif) je Tonne belief sich im 1. Halbjahr 1960 auf rd. 84 DM gegenüber 92 DM im

1. Halbjahr 1959, 98 DM 1958 und 114 DM 1957. Das deutsche Rohöl (Förderung 1959: 5,1 Mill. t) ist jetzt schon mehr als doppelt so teuer wie das importierte, was bisher durch einen Schutzzoll von 125 DM je Tonne ausgeglichen wurde. E.

Das Erdgas von Lubaczów

Das polnische Grenzstädtchen Lubaczów entwickelte sich durch die dort entdeckten Vorräte von ca. 20 Mrd. m³ Erdgas zu einem wichtigen Industriezentrum. In dem südlichen Gebiet von Krosno werden pro Jahr etwa 175000 t Rohöl gefördert. Bei der Suche nach weiteren Erdöllagerstätten stieß man in der Nähe der sowjetischen Grenze in etwa 1000 m Teufe auf das große Erdgasvorkommen. Die Förderkapazität konnte wegen der fehlenden Fernleitungen zunächst nicht ausgenutzt werden. Deshalb wurde die Förderung gedrosselt, und es stehen nur zwei Sonden, die jede etwa 150000 m³ pro Tag ausgeben, in Produktion. Ab 1963 werden aber jährlich 1 Mrd. m³ abgegeben werden können. Die Erzeugungskosten für 1 m³ Erdgas werden mit knapp 5 Groszy, etwa 1,5 Pfennig, angegeben. Man berechnet, daß bei voller Ausnutzung der Sondenkapazität 130 bei der Erdgasgewinnung beschäftigte Werktätige die gleichen Werte schaffen wie 3000 unter Tage beschäftigte Steinkohlenbergarbeiter. Warschau, Tarnow, das Chemiekombinat Oświęcim und andere Städte und Großbetriebe werden an das Ferngasnetz angeschlossen werden und Methan aus Lubaczów erhalten. E.

Entschwefelung des Erdgases in Lacq

Den „Bergbauwissenschaften", Jg. 7 (1960), S. 591 ist über die Aufbereitung des Rohgases von Lacq zu entnehmen: Das in den Fördersonden anfallende Erdgas wird für den Transport auf 70 atü in einem Hochdruck- (bis 300 atü) und einem Niederdruckaggregat (bis 70 atü) entspannt. Die dazu notwendige Wärme wird den Geräten automatisch durch Verbrennen eines geringen Teiles des Erdgases zugeführt.

Die Entschwefelung des Gases wird in zwei Stufen vorgenommen. Die Hauptmenge an Schwefelwasserstoff wird durch eine Druckwäsche mit Wasser entfernt. Anschließend wird mit Monoäthanolamin oder mit Diäthanolamin gewaschen, und die Abtrennung des letzten Restes an sauren Gasen — bis auf etwa 2 ml/m³ Erdgas — erfolgt dann mit Hilfe einer schwachen Natronlauge. Die Wasserwäsche wurde erst in den letzten Jahren eingeführt, da das Wasser bei der Desorption ohne Erwärmung entspannt wird und dadurch Energie gespart werden kann.

Nach der Entschwefelung wird das Erdgas getrocknet, und in einer Gasolinabscheidungsanlage werden dem Gas die höheren Kohlenwasserstoffe entzogen.

Bei der Erdgasreinigung fallen jährlich etwa 1,5 Mill. t Schwefel, 180000 t Butan und Propan sowie 250000 t Benzin mit hoher Oktanzahl an. E.

Verhältnis und Anreicherungen der Elemente in bezug auf Cl im Meer und in Erdölbegleitwässern

(Nach Krejci-Graf: Chemische Probleme der Erdölgeologie. „Brennstoff-Chemie", Jg. 41, 1960, S. 360)

Verhältnis	Meer	Ölwässer		Benthonische Algen[1])	
		minimales Verhältnis	maximale Anreicherung	minimales Verhältnis	maximale Anreicherung
Cl:K	50	2,14	23,4	1 bis 2	25 bis 50
Cl:B	4000	155	26	400	10
Cl:Br	300	87 (74)[2])	3,36 (4,5)[2])	100	3
Cl:J	380000	96 (98)[2])	3960 (3865)[2])	100	3800

[1]) Da über das Plankton auch bei Winogradow entsprechende Angaben fehlen, konnten nur benthonische Phaeophyceen und Rodophyceen zum Vergleich herangezogen werden.

[2]) Jodquellen nach Schmölzer.

Zusammensetzung der Zechsteingase

Auf der 13. Jahrestagung der Deutschen Gesellschaft für Mineralölwissenschaft und Kohlechemie teilte H. U. Hark mit, daß sich im Zechstein Zonen abgrenzen lassen, die durch das Überwiegen einer bestimmten Gaskomponente charakterisiert sind. Es lassen sich so CO_2-, CH_4- und N_2-Gasprovinzen abtrennen. Die Übergänge zwischen diesen Provinzen sind fließend und örtlich z. T. vom stratigraphischen Niveau des Gasträgers abhängig. Nach „Brennstoff-Chemie", 1960, S. 340, wird „aus der regionalen Anordnung der N_2-Provinz und dem stratigraphischen Verhalten der stickstoffreichen Gase für das Zechsteinbecken erkennbar, daß diese faziesgebunden auftreten und daher überwiegend biochemischer und nicht juveniler Herkunft sind. Abschließend werden die Zechsteingase zu den im Liegenden und Hangenden auftretenden Gasen in Beziehung gesetzt und Betrachtungen über mögliche Entstehungsursachen der übrigen Gaskomponenten und über die Bedeutung der unterschiedlichen Gaszusammensetzung im Zechstein für die Erdgasexploitation und für den Kali- und Salzbergbau angestellt." E.

Erze

Eisenerzreserven Mittelschwedens

Nach neuen Schätzungen können die Eisenerzvorkommen in dem mittelschwedischen Bezirk Bergslagen auf etwa 650 Mill. t veranschlagt werden, was einem Fe-Gehalt von 255 Mill. t entspricht. Diese Vorkommen verteilen sich mit 313 Mill. t auf Eisenquarzite (104 Mill. t Fe), mit 95 Mill. t auf manganreiche Erze (31 Mill. t Fe) sowie mit 164 Mill. t auf phosphorreiche Erze (94 Mill. t Fe). Im Jahre 1958 wurden in den mittelschwedischen Gruben 6,6 Mill. t Stückerz und angereichertes Erz gefördert. Es ist damit zu rechnen, daß die Jahresförderung steigen wird. Deshalb dürfte die Suche nach Eisenerz fortgesetzt werden, da seit langem angenommen wird, daß die Eisenerzvorkommen gerade in diesem mittelschwedischen Bezirk größer sind, als bisher geschätzt wurde. He.

Marokkanisches Kobalterz nach China

Marokko hat die Lieferung von kobalthaltigem Erz in die Volksrepublik China aufgenommen. Die Lieferungen erfolgen auf Grund eines Abkommens, das den Austausch von marokkanischem Phosphat und Kobalterz gegen chinesischen Tee vorsieht. Bisher war marokkanisches Kobalterz, das einen Gehalt von 11% hat, lediglich nach Frankreich und Belgien geliefert worden, wo es zur Herstellung von Spezialstahl verwendet wurde. E.

Chromgewinnung in Südrhodesien

Nach „The Times Review of Industry", Dez. 1960, ist die Chromgewinnung in Südrhodesien gegenüber den Schwankungen im Weltbedarf sehr empfindlich, da auch aus anderen Quellen, wie der Türkei, der UdSSR und den Philippinen, große Chrommengen zur Verfügung stehen. Obgleich von 1927 bis 1956 16,7% der Weltproduktion gewonnen wurden, sind die Vorräte noch bedeutend. Eine genaue Kalkulation der Erzvorräte liegt noch nicht vor, aber nach einer jüngsten Schätzung durch den Geological Survey of the Southern Rhodesia Government sind bis zu einer Tiefe von 150 m einige 100 Mill. t vorhanden, gemessen längs der Saumhänge des Great Dyke, der 480 km weit mitten durch Rhodesien verläuft und 3100 km² umfaßt. Die zwei Hauptlagerstätten liegen nördlich von Salisbury und bei Selukwe, 56 km südlich von Gwelo. In den Kleinbetrieben wird nicht viel Chrom gewonnen, da die meisten Bergwerke den drei größten Gesellschaften, Rhodesia Chrome, African Chrome und Rhodesian Vanadium Corporation, gehören. Im Gebiet des Great Dyke wird das meiste Chrom unter Tage gewonnen; in dessen Nordgebiet wurde aber kürzlich entdeckt, daß durch Verwitterung des Serpentins eine natürliche Chromitkonzentration im Boden bis etwa 38 cm Tiefe entsteht. Einige dieser alluvialen Lagerstätten werden bearbeitet und das Chromit mit modernen Flotationsmethoden aufbereitet. Ha.

Kanadische Nioberze

Die Nioberzlagerstätten in Ola, 20 Meilen westlich von Montreal, werden ab Juli 1961 ausgebeutet. Die Förderung wird zunächst 500 t Erz pro Tag betragen, wird aber später auf 4000 t erhöht werden können. Die Erze, die im Tagebau gewonnen werden können, wurden schon vor einigen Jahren entdeckt. Sie sollen ohne Verwendung von Chemikalien nach einem neuen Verfahren zu besonders reichhaltigen Konzentraten aufbereitet werden. E.

Mexikanische Silbergewinnung

Nach einer Erklärung des Präsidenten der mexikanischen Geologischen Gesellschaft wird Mexiko in absehbarer Zeit durch Kanada und die USA von seiner Position als größter Silberproduzent der westlichen Welt verdrängt werden. Der Grund für den Rückgang der mexikanischen Silberproduktion sei das Fehlen einer angemessenen Unterstützung durch die Wirtschaftspolitik der Regierung. Energisch wandte sich der Präsident gegen die Behauptung, die mexikanischen Silbervorräte gingen ihrer Erschöpfung entgegen. Es seien noch zahlreiche Lagerstätten bekannt, und es könnten noch viel mehr durch eine systematische geologische Erkundung festgestellt werden. Die Weltsilberproduktion betrug 1959 ca. 205 Mill. Unzen, die mexikanische Produktion war auf 44 Mill. Unzen (1958 noch 48 Mill. Unzen) gefallen. Der Preis liegt um 1 $ pro Unze.
E.

Sonstiges

Heizwerte und Umrechnungsfaktoren (auf SKE) für Energieträger

	Einheit	Heizwert Hu(kcal)	Steinkohleneinheit (kg)
Steinkohle	kg	7000	1,000
Steinkohlenbriketts	kg	7500	1,071
Steinkohlenkoks Gaskoks	kg	6800	0,971
Rohbraunkohle	kg	2000	0,286
Braunkohlenbriketts und Trockenkohle Braunkohlenschwefelkoks	kg	4800	0,686
Pechkohle	kg	5000	0,714
Hartbraunkohle (ČSSR)	kg	3500	0,500
Kokereigas Stadtgas Gichtgas Grubengas	Nm³	4000	0,571
Torf (Brenntorf)	kg	3000	0,429
Brennholz	kg	3500	0,500
Erdgas	Nm³	9000	1,286
Erdölgas	Nm³	10300	1,471
Flüssiggas	kg	11500	1,643
Erdöl	kg	10000	1,429
Benzin	kg	10400	1,486
Motorenbenzol		10400	1,486
Leuchtöl		10100	1,443
Turbinenkraftstoff		10100	1,443
Gas-/Dieselöl		10100	1,443
Heizöl	kg	9800	1,400
Raffineriegas (Heizgas)	kg	13000	1,857
Petrolkoks	kg	7000	1,000
Wasserkraftstrom-Erzeugung beim Einsatz Stromaußenhandel	kWh	2800	0,400

(Nach „Brennstoffchemie", Nr. 1, 1961, Wirtschaftsteil S. 4)

Seismische Messungen am Kilauea

Das Vulkanobservatorium des US Geological Survey läßt die Ausbrüche der Hawaii-Vulkane durch seismische Messungen überwachen. Seismische Pulsationen und Bodenerschütterungen liefern charakteristische Merkmale für die inneren Vorgänge im Vulkan und ermöglichen mit großer Exaktheit die Lokalisierung und Deutung der Herdprozesse. Die Eruption des Kilauea 1959 wurde mit Hilfe von zehn Seismographen und elf Neigungsmessern verfolgt. Nach starkem Anschwellen des Vulkanmassivs, nach Schwarmbeben (bis zu 1000 Stöße pro Tag) erzitterte schließlich die Vulkanumgebung fünf Stunden lang pausenlos unter Erdstößen. Sie zeigten das Durchbrechen der erdoberflächennächsten Gesteinsschichten durch emporsteigende Lava an, deren Tiefenherd in 50 bis 60 km Tiefe angenommen wird. Am 15. November 1959 hörte um 8.08 Uhr die Erdbebentätigkeit plötzlich auf, es hatte eine Spalteneruption des Kraters Kilauea Iki stattgefunden. Die Erdbeben wurden durch „harmonisches Bodenzittern" abgelöst, das das glatte Hindurchfließen von Magma durch den Vulkanschlot kennzeichnete. Gleichzeitig ging die Schwellung des Vulkanmassivs zurück, während sich einige 40 Mill. m³ Lava an die Oberfläche ergossen.

Die Temperatur der ausgestoßenen Lava betrug im Durchschnitt 1120° C. Die etwas kälteren Laven wichen in ihrer chemischen und mineralogischen Zusammensetzung von dem Hauptmagma ab. Für die angewandte Vulkanologie sind die Methoden der Überwachung der vulkanischen Tätigkeit von hohem Interesse. Es hat den Anschein, als ob man mit kombinierten Neigungs- und Seismikmessungen zu einer echten Kontrolle eines Vulkans und Vorhersage von Eruptionsphasen gelangen kann, wenn es sich um geologisch einfach gebaute Vulkantypen, wie bei den Hawaii-Vulkanen, handelt.
E.

Bleichungsringe im Buntsandstein

In Kernen von zwei Erdöl-Erdgas-Bohrungen des Feldes Schwedeneck und in der Zechstein-Erdgasbohrung Sterup-Steinfeld Z 1 wurden Kupfer, Vanadium und Uran enthaltende Bohrkerne mit den bekannten Bleichungsringen festgestellt. In einem Bohrkern von Sterup-Steinfeld Z 1 erreichte der Urangehalt der schwarzen Kerne bis zu 7%. Diese uranhaltigen Kerne treten im Buntsandstein auf, und sie heben sich, ebenso wie die ähnlichen Bleichungszonen im Rotliegenden von Zwickau, durch ihre hellen Entfärbungshöfe von dem roten Gestein ab. In den Sonden von Schwedeneck treten die Zonen mit den Bleichungshöfen und den Schwermetallkernen in 1800, in Sterup-Steinfeld unterhalb von 3000 m auf.
E.

Karakum-Kanal

Vier Fünftel des Gebietes der Turkmenischen SSR nimmt die Karakum-Wüste ein. Der Tedshen und der Murgab fließen vom Süden in die Wüste und zerteilen sich zwischen ihren Sanddünen, wo sie im Sande versickern. Vor zwei Jahren wurde der erste Abschnitt des Kanals über 400 km vom Amu-Darja nach Mary fertiggestellt, nunmehr ist auch der Bau der 140 km langen Strecke von Mary zum Tedshen beendet. Durch dieses große Bewässerungsprojekt werden noch im laufenden Siebenjahrplan so viel Hektar Neuland gewonnen wie in den letzten 35 Jahren in ganz Turkmenien. Das neubewässerte Land wird vor allem zum Anbau von Baumwolle ausgenutzt werden.
E.

Registriereinrichtung für die an Ausbauelementen im untertägigen Grubenbetrieb angreifenden Gebirgsdruckkräfte

Für die dem praktischen Geologen häufig gestellte Aufgabe der Messung von Gebirgsdruckkräften gibt es schon Registriereinrichtungen, die aber noch verbesserungsfähig sind. Derartige Geräte müssen zwei voneinander verschiedene Meßbereiche umfassen, von denen der eine untere Meßbereich für den normalen Belastungsfall und der andere, im Regelfall mehrfach höhere Meßberecih für die Erfassung der unregelmäßigen und sporadisch auftretenden Druckspitzen bei Spannungs- bzw. Gebirgsschlägen im Hangenden bestimmt ist. Diese Geräte müssen demnach im normalen, relativ niedrigen Druckbereich zwischen etwa 0 und 100 atü außer der Höhe des Druckes insbesondere die Änderung der Druckgröße in Abhängigkeit von der Zeit oder gegebenenfalls des Weges registrieren, um den Spannungsverlauf und das Anwachsen von Spannungen im Gebirge frühzeitig genug erkennen zu können. Außerdem müssen die Geräte die absoluten Spannungsspitzen bei eintretenden Gebirgsschlägen in dem höheren Druckbereich festhalten. Nach einer neuen Erfindung gehen die Konstrukteure von einer Einrichtung aus, bei der einer vorzugsweise hydraulisch arbeitenden Druckmeßdose ein mit rotierender Skalenscheibe versehener Druckschreiber zugeordnet ist. Er ist mit einem sich bei wachsendem Meßdruck vom Außenrand zur Mitte der Skalenscheibe bewegenden Schreibhebel ausgerüstet. — Der Erfindung liegt die Erkenntnis zugrunde, daß die widersprüchlichen Anforderungen an derartige Registriereinrichtungen, also die Gewährleistung eines ausreichend großen Meßbereichs und einer sehr genauen Registrierung des Druckablaufs im niedrigen Meßbereich, nur dadurch in einem einzigen Gerät verwirklicht werden können, daß sich der im Bereich des Außenrandes der Scheibe schwenkbar gelagerte Schreibhebel bei

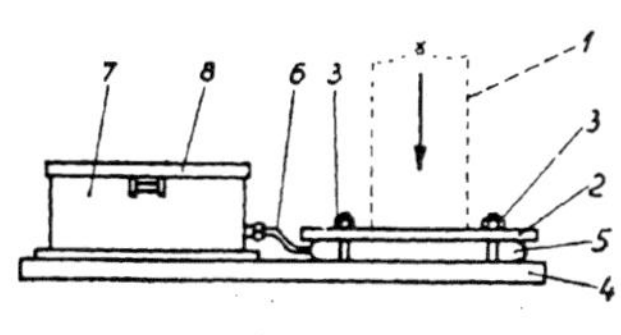

wachsendem Druck vom Außen- zum Innenrand der Scheibe hin bewegt. Da sich die Bogenlänge der Skalenfelder von der Skalenmitte zum Außenrand der Scheibe hin vergrößert, entsteht der Vorteil der wesentlich genaueren Anzeige im niedrigen Druckbereich.

Die schematische Abbildung zeigt die Meßeinrichtung im Aufriß. Ein Druckkräfte in Richtung des Pfeiles (x) übertragender Grubenstempel (1) stützt sich mit seinem unteren Ende auf einer Druckplatte (2) ab. Eine Druckmeßdose (5) ist über ein Anschlußrohr (6) für die Druckflüssigkeit mit einem Druckschreiber verbunden. Auf einer am Boden des stählernen Schutzgehäuses (7) federnd gelagerten, nicht dargestellten Stahlscheibe ist ein Uhrwerk befestigt, das eine Skalenscheibe antreibt. Diese Skalenscheibe ist mit konzentrischen Kreislinien versehen, die jeweils Linien gleichen Druckes darstellen. Dabei liegt die Linie niedrigsten Druckes am Außenrand und die Linie höchsten Druckes von z. B. 400 kg/cm² ungefähr in der Mitte der Skalenscheibe. Die Drucklinien sind in etwa radialer Richtung sektorförmig unterteilt, wobei jede Unterteilung einer bestimmten Zeiteinheit von z. B. 4 Stunden entspricht. FRIEDEMANN

Tagung über „Probleme der Entstehung postmagmatischer Vererzung unter besonderer Berücksichtigung der Geochemie von Erzgängen" 1963 in der ČSSR

Im Jahre 1963 wird in Prag eine Tagung über „Probleme der Entstehung postmagmatischer Vererzung unter besonderer Berücksichtigung der Geochemie von Erzgängen" durchgeführt werden. Auf dieser Tagung sollen einige besonders wichtige Probleme der postmagmatischen Vererzung diskutiert werden. Bei der Auswahl dieser Probleme wurden hauptsächlich solche berücksichtigt, die von den tschechoslowakischen Wissenschaftlern eingehend bearbeitet wurden oder über die in der Literatur unterschiedliche Anschauungen zu finden sind.

Folgende Fragen stehen auf der Tagesordnung:

1. Die Entstehung primärer Zonalität auf einzelnen Erzgängen, Lagerstätten und größeren Einheiten.

Besonders erwünscht ist eine Diskussion folgender Teilprobleme:

a) Kriterien zum Beweis der polyaszendenten[1]) (Pulsations-) Zonalität. Ursachen polyaszendenter Entstehung hydrothermaler Lagerstätten.

b) Kriterien zum Beweis der monoaszendenten Entstehung und der monoaszendenten Zonalität[1]). Kriterien, die nachweisen, daß verschiedene Mineralien auf Erzgängen tatsächlich aus einer bzw. aus einer ununterbrochen emporsteigenden Lösung entstanden sind.

c) Die Entwicklung der chemischen Zusammensetzung der erzbringenden Lösungen, die an gleiche magmatische Quellen gebunden sind.

d) Andere Fragen der Zonalität.

2. Der Transport der Metalle in erzbringenden Lösungen und damit verbunden eine kritische Einschätzung der bestehenden Anschauungen.

3. Gründe für und gegen die Absonderung der pneumatolytischen Phase bei der Klassifikation der postmagmatischen Vorgänge.

4. Kriterien zur Feststellung von Metakristen der Erz- und Gangmineralien.

5. Die selektive Metasomatose bei der hypogenen Mineralbildung.

Zu diesen Themen werden Beiträge im Umfang von maximal fünf Seiten (die Zahl der Abbildungen oder Beilagen soll weitere zwei Seiten nicht überschreiten) in druckfähiger Form und in einer der Kongreßsprachen bis spätestens 15. Dezember 1961 erbeten. Die Manuskriptsendungen und alle Nachfragen sind zu richten an den Generalsekretär der Tagung, M. ŠTEMPROK, Geologisches Zentralinstitut, Malostranské nám. 19, Praha 1.

Die eingegangenen Beiträge werden veröffentlicht und den Interessenten einige Monate vor Beginn der Tagung in Form einer Vorkongreßpublikation übersandt.

Doz. Dr. J. KUTINA
Naturwissenschaftliche Fakultät der Karlsuniversität, Praha

Dipl.-Ing. M. VANĚČEK
Geologisches Zentralinstitut, Praha

[1]) S. „Econ. Geology", Vol. 52, S. 316–319 (1957).

Kurznachrichten

Eine neue 10-inch-**Pipeline** soll von El Agreb in **Algerien** nach den El-Gassi-Ölfeldern, ca. 75 engl. Meilen südlich von Hassi Messaoud, gelegt werden. Man hofft, die neue Pipeline bis Mai 1961 fertiggestellt zu haben.

In **Japan** hat die Teikiku Oil Company eine neue 63,5 km lange 6-inch-**Pipeline** von ihrem Erdgasfeld bei Nagaoka nach Niigata, etwa 270 km nördlich von Tokio, mit einer maximalen Tageskapazität von 300000 m³ fertiggestellt. Der tägliche Durchlauf beträgt 86000 m³. Auch aus dem neuerschlossenen Erdgasfeld in der Präfektur Chiba soll eine Pipeline mit einer Tageskapazität von 1,5 Mill. m³ nach Tokio gebaut werden.

Die **Gewinnung von Ölschiefer** in der Estnischen SSR soll bis zum Jahre 1965 auf 16,5 Mill. t gesteigert werden. 1939 betrug die Förderung 1,65 Mill. t, 1959 7,5 Mill. t.

Im Jahre 1960 wurden in der Volksrepublik **Ungarn** 26,6 Mill. t **Kohle**, davon der überwiegende Teil Braunkohle, gefördert.

Die erste Schachtanlage im neuaufgeschlossenen **Steinkohlenrevier Tentek**, westlich von Karaganda, in welchem einige Mrd. t bester Steinkohlen lagern, ist fertiggestellt. Sie fördert jährlich 900000 t Kohle. Die noch im Bau befindlichen mechanisierten Zechen sollen jährlich bis 3,5 Mill. t Kohle bringen.

Die **britische Kohlenförderung** betrug 1960 186154000 long tons gegenüber 195275000 long tons im Jahre 1959. Sie verringerte sich somit um ca. 9 Mill. long tons.

Belgiens Kohlenförderung erreichte im Jahre 1960 nur 22,4 Mill. t gegenüber 27 Mill. t im Jahre 1958.

Im **Altai-Erzrevier** (Ostkasachstan) wurden reiche Vorkommen an **Steinkohlen** mit Vorräten von mehr als 100 Mill. t entdeckt. Gegenwärtig sind etwa 200 Steinkohlenvorkommen in der Kasachischen SSR bekannt.

Das größte Erzaufbereitungskombinat Europas, das jährlich 4,5 Mill. t **Eisenkonzentrat** liefern wird, hat Ende 1960 im **Kriwoi-Rog-Revier** die Produktion aufgenommen. Ein 160 ha großer Tagebau, aus dem jährlich 9 Mill. t eisenhaltige Quarzite gewonnen werden, bildet die Rohstoffbasis des neuen Kombinats.

Die **Eisenerz**exporte **Schwedens** sollen 1961 20 Mill. t erreichen.

Das **Kupferaufbereitungs**werk Kurbnesh, das bisher größte Werk, das in der Volksrepublik **Albanien** mit Hilfe der DDR gebaut wurde, erhielt den Namen WILHELM PIECK und ist am 9. Februar 1961 eingeweiht worden.

Im Tal des Moulouya in **Marokko** wurde ein umfangreiches **Bleierz**vorkommen entdeckt. Die Vorräte werden auf 5 bis 6 Mill. t mit einem durchschnittlichen Metallgehalt von etwa 3% geschätzt und können im Tagebau abgebaut werden.

Mit 222000 t erreichte der **Nickelverbrauch** der kapitalistischen Staaten 1960 einen neuen Höchststand.

Eine neue Grube zur Gewinnung von **Feldspat** soll demnächst in Norrbotten nahe Runaberget bei Varjisträsk (**Schweden**) erschlossen werden. 1961 sollen bereits 8000 t Feldspat exportiert werden.

Der **Export** der Volksrepublik **Albanien** erhöhte sich 1960 gegenüber dem Vorjahr um 43%. Den höchsten Anteil hatte daran die um ca. 205000 t gesteigerte Rohölausfuhr. Der Export von Fe-Ni-Erz stieg um 98000 t, von Chromerz um 45000 t.

Die **französische Kohlenförderung** ging von 59,8 Mill. t im Jahre 1959 auf 58,3 Mill. t im Jahre 1960 zurück.

ROW Rathenow

MINOSECAR FR-Z

zum Trennen von Gesteinen bis 85 mm ∅ in jeder gewünschten Schnittebene sowie in parallele und dünne Scheiben. Größte abzutrennende Länge etwa 80 mm. Stücke bis 170 mm Länge einspannbar.

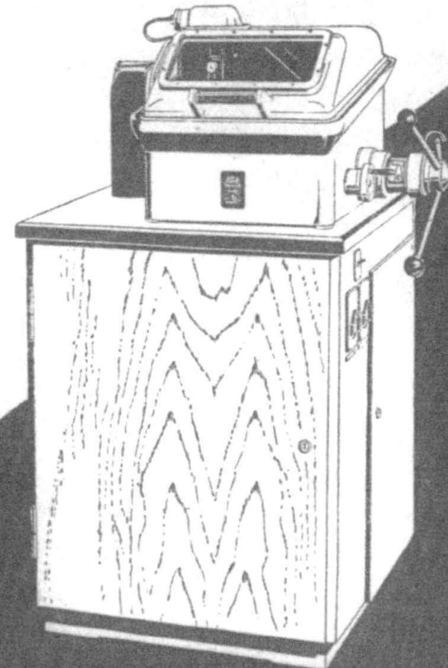

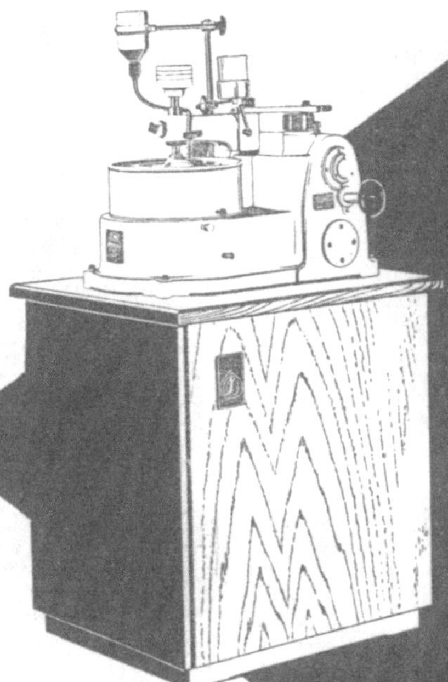

NEOSUPAN FR-X

zur mechanischen Herstellung von etwa 15 mineralogischen Dünnschliffen bis etwa 25 μm Dicke, so daß zeitraubende Handarbeit nahezu gänzlich entfällt.

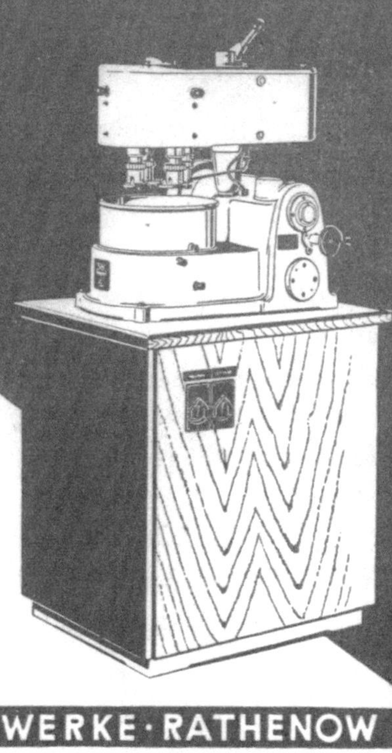

NEOSUPAN FR-Y

zur mechanischen Herstellung von sehr reliefarmen Anschliffen. Entweder 8 Proben in Ringen 35 mm ∅ oder 4 Proben in Ringen 100 mm ∅ lassen sich gleichzeitig bearbeiten.

Exportinformationen:
WMW-Export, Berlin W 8, Mohrenstraße 61
Deutsche Demokratische Republik

VEB RATHENOWER OPTISCHE WERKE · RATHENOW

Verbessertes Modell: POLADUN IV M

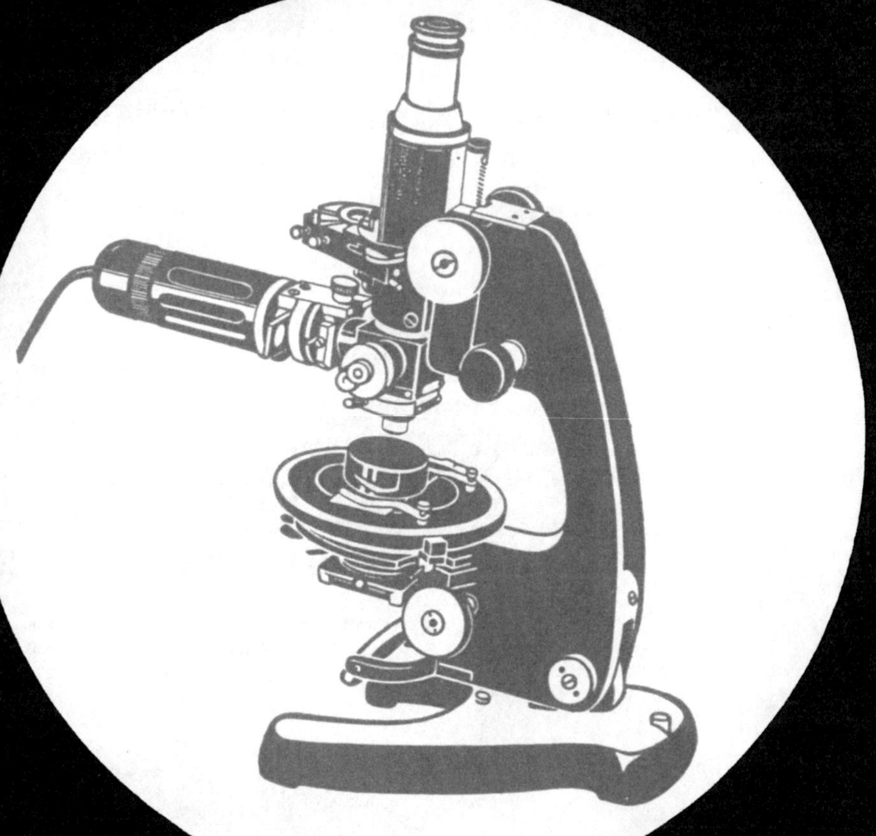

Mittleres Polarisations-Arbeitsmikroskop
für Geologen, Mineralogen und Wissenschaftler ähnlicher Fachrichtungen

Für polarisiertes und unpolarisiertes Auf- und Durchlicht
Übergang vom Auflicht zum Durchlicht und umgekehrt schnell durchführbar
Beleuchtungsansatz für optimale Lichtausnutzung. Qualitätsoptik. Einfache Handhabung

Erweiterte Anwendungsmöglichkeiten durch:
Elektrische Integriervorrichtung ELTINOR, Universaldrehtisch nach Fedorow,
Drehkompensator nach Ehringhaus, Aufsatzokular, zusätzliche Objektive und Sonderokulare

Für Ausbildungszwecke und bestimmte Arbeiten empfehlen wir das Kursmodell POLADUN II M

VEB RATHENOWER OPTISCHE WERKE · RATHENOW

ROW Rathenow

Exporteur: Deutsche Export- und Importgesellschaft Feinmechanik-Optik m.b.H.,
Berlin C 2, Schicklerstraße 7 Deutsche Demokratische Republik